トクとトクイになる！ 小学ハイレベルワー…

6年 算数 もくじ

JN096327

＋特別ふろく＋

1	巻末ふろく	しあげのテスト
2	WEBふろく	WEBでもっと解説
3	WEBふろく	自動採点CBT

WEB CBT(Computer Based Testing)の利用方法
コンピュータを使用したテストです。パソコンで下記WEBサイトへアクセスして，アクセスコードを入力してください。スマートフォンでのご利用はできません。

アクセスコード／Fmbbb2ab

https://b-cbt.bunri.jp

この本の特長と使い方

この本の構成

標準レベル ✦

実力を身につけるためのステージです。

教科書で学習する，必ず解けるようにしておきたい標準問題を厳選して，見開きページでまとめています。

例題でそれぞれの代表的な問題に対する解き方を確認してから，演習することができます。

学習事項を体系的に扱っているので，単元ごとに，解けない問題がないかを確認することができるほか，先取り学習にも利用することができます。

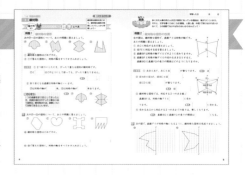

ハイレベル ✦✦

応用力を養うためのステージです。

「算数の確かな実力を身につけたい！」という意欲のあるお子様のために，ハイレベルで多彩な問題を収録したページです。見開きで１つの単元がまとまっているので，解きたいページから無理なく進めることができます。教科書レベルを大きくこえた難しすぎる問題は出題しないように配慮がなされているので，無理なく取り組むことができます。各見開きの最後にある「できたらスゴイ！」にもチャレンジしてみましょう！

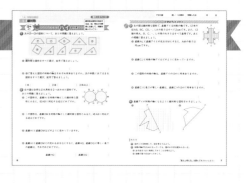

思考力育成問題

知識そのものでなく，知識をどのように活用すればよいのかを考えるステージです。

普段の学習では見落とされがちですが，これからの時代には，「自分の頭で考え，判断し，表現する学力」が必要となります。このステージでは，やや長めの文章を読んだり，算数と日常生活が関連している素材を扱ったりしているので，そうした学力の土台を形づくることができます。肩ひじを張らず，楽しみながら取り組んでみましょう。

それぞれの問題に，以下のマークのいずれかが付いています。

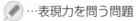…思考力を問う問題　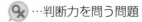…表現力を問う問題　 …判断力を問う問題

とりはずし式 答えと考え方　ていねいな解説で，解き方や考え方をしっかりと理解することができます。まちがえた問題は，時間をおいてから，もう一度チャレンジしてみましょう。

『トクとトクイになる！　小学ハイレベルワーク』は，教科書レベルの問題ではもの足りない，難しい問題にチャレンジしたいという方を対象としたシリーズです。段階別の構成で，無理なく力をのばすことができます。問題にじっくりと取り組むという経験によって，知識や問題に取り組む力だけでなく，「考える力」「判断する力」「表現する力」の基礎も身につき，今後の学習をスムーズにします。

おもなマークやコーナー

マーク

「ハイレベル」の問題の一部に付いています。複数の要素を扱う内容や，複雑な設定が書かれた文章題などの，応用的な問題を表しています。自力で解くことができれば，相当の実力がついているといえるでしょう。ぜひチャレンジしてみましょう。

物知り算数豆知識

「標準レベル」の見開きそれぞれについている，算数にまつわる楽しいこぼれ話のコーナーです。勉強のちょっとした息抜きとして，読んでみましょう。

役立つふろくで，レベルアップ！

❶ トクとトクイに！　しあげのテスト

この本で学習した内容が確認できる，まとめのテストです。学習内容がどれくらい身についたか，力を試してみましょう。

❷ さらに深めよう！　WEBでもっと解説

読むだけで勉強になる，WEB掲載の追加の解説です。
問題を解いたあとで，あわせて確認しましょう。
右のQRコードからアクセスしてください。

❸ 一歩先のテストに挑戦！　自動採点CBT

コンピュータを使用したテストを体験することができます。専用サイトにアクセスして，テスト問題を解くと，自動採点によって得意なところ（分野）と苦手なところ（分野）がわかる成績表が出ます。

「CBT」とは？

「Computer Based Testing」の略称で，コンピュータを使用した試験方式のことです。
受験，採点，結果のすべてがコンピュータ上で行われます。
専用サイトにログイン後，もくじに記載されているアクセスコードを入力してください。

https://b-cbt.bunri.jp

※本サービスは無料ですが，別途各通信会社からの通信料がかかります。
※推奨動作環境：画角サイズ　10インチ以上　　横画面
　[PCのOS] Windows10以降　　[タブレットのOS] iOS14以降
　[ブラウザ] Google Chrome（最新版）　Edge（最新版）　safari（最新版）
※お客様の端末およびインターネット環境によりご利用いただけない場合，当社は責任を負いかねます。
※本サービスは事前の予告なく，変更になる場合があります。ご理解，ご了承いただきますよう，お願いいたします。

1 線対称

線対称な図形を見つけて，線対称な図形の性質についてしっかり学習しよう！

確かめよう ✦✦✦ 標準レベル

例題1 線対称な図形

次の⑦〜⑤の図形について，あとの問題に答えましょう。

⑦ 　　④ 　　⑤ 　　⑤

① 線対称な図形はどれですか。

② ①で答えた図形に，対称の軸をすべてかき入れましょう。

とき方　① 2つ折りにしたとき，ぴったり重なる図形が線対称です。

④と 〔　　　〕 はどのようにして折っても，ぴったり重なりません。

答え 〔　　　〕 , 〔　　　〕

② 折り目となる直線を対称の軸といいます。

⑦は対称の軸が 〔　　　〕 本，⑤は対称の軸が 〔　　　〕 本あります。

👉たいせつ

1つの直線を折り目として折ったとき，両端の部分がぴったり重なりあう図形は，線対称または，直線について対称であるといいます。

答え ⑦ 　　⑤

---

1 次の⑦〜⑤の図形について，あとの問題に答えましょう。

⑦ 　　④ 　　⑤ 　　⑤

❶ 線対称な図形はどれですか。

（　　　　　　　　　）

❷ ❶で答えた図形に，対称の軸をすべてかき入れましょう。

多くのえん筆の先たんが正六角形になっている理由は，転がりにくいから。
それと，文字を書くために3点（親指，人差し指，中指）で持たなければいけ
なくて，3の倍数でなければならないからなんだって！

例題2　線対称な図形の性質

右の図は，線対称な図形で，直線アイは対称の軸です。
あとの問題に答えましょう。

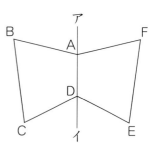

① 点Cに対応する点を答えましょう。

② 辺FEに対応する辺を答えましょう。

③ 直線BFは対称の軸アイとどのように交わりますか。

④ 直線BFと対称の軸アイとの交わる点をGとすると，
　　直線BGと直線FGの長さの関係はどのようになりますか。

とき方　① 点Bと点F，点Cと点 [　　　] が重なります。　**答え**　点 [　　　]

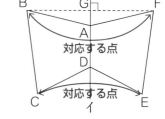

② 辺ABと辺AF，辺BCと辺 [　　　]，

　　辺CDと辺 [　　　] が重なります。

　　　　　　　　　　答え　辺 [　　　]

③ 線対称な図形では，対応する2つの点を結ぶ

　　直線BFは，対称の軸アイと [　　　] に交わ

　　ります。　　　　　　　　**答え** [　　　] に交わる。

④ 交わる点Gから対応する2つの点までの長さは，等しくなります。

　　　　答え　直線BGと直線FGの長さの関係は [　　　] くなる。

---

2 次の図で，直線アイが対称の軸になるように，線対称な図形を完成させましょう。

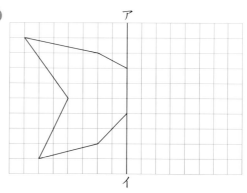

1 線対称

線対称な図形の対応する点，辺，角などの関係に注意して，問題を解いていこう！

❶ 次の⑦〜⊃の図形について，あとの問題に答えましょう。

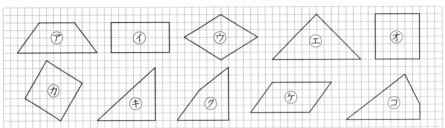

❶ 線対称な図形をすべて選び，記号で答えましょう。

(   )

❷ ❶で答えた図形の対称の軸はそれぞれ何本ありますか。次の本数にあてはまる図形をすべて選び，記号で答えましょう。

| 本（   ） 2本（   ） 3本以上（   ）

❷ 右の図は合同な正九角形を2つあわせた図形です。あとの問題に答えましょう。

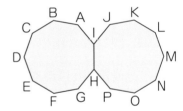

❶ この図形を，直線HIを対称の軸とした線対称な図形とみると，辺ABに対応する辺はどれですか。

(   )

❷ この図形を，直線DMを対称の軸とした線対称な図形とみると，辺ABに対応する辺はどれですか。

(   )

❸ 直線HIと直線DMはどのように交わっていますか。

(   )

❹ 直線HIと直線DMとの交わる点をQとすると，直線HQ，直線DQと等しい長さの直線は，それぞれどれですか。

直線HQ（   ）　直線DQ（   ）

━━━━━━━━ ★★★ できたらスゴイ！ ━━━━━━━━

❸ 右の図は線対称な図形で，直線アイは対称の軸です。12本の
辺AB，BC，CD，…，LAの長さはすべて2cmです。また，12
個の角A，B，C，…，Lの角の大きさはすべて直角です。あと
の問題に答えましょう。

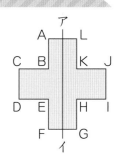

❶ 直線ALと直線アイとの交点をMとすると，AMの長さは
何cmですか。

（　　　　　　　）

❷ 直線CJと対称の軸アイはどのように交わっていますか。

（　　　　　　　）

❸ この図形の対称の軸は，直線アイのほかに何本ありますか。

（　　　　　　　）

❹ 直線CIと長さが等しい直線は，直線CIのほかに何本ありますか。

（　　　　　　　）

❹ 直線アイが対称の軸になるように線対称な図形をかきましょう。

❶
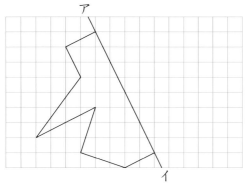

❷
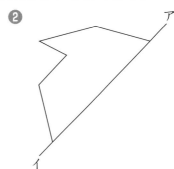

！ヒント

　❸ ❸のことを利用して，❹を考えてみよう。

　❹ 対称の軸がななめになっていても，図のかき方は変わらないよ。

　　❶ ます目をうまく利用してかくことを考えよう。

　　❷ 定規で長さをはかってかこう。

2 点対称

点対称な図形を見つけて，点対称な図形の性質についてしっかり学習しよう！

確かめよう　標準レベル

例題1 点対称な図形

次の⑦～⑤の図形について，あとの問題に答えましょう。

⑦ 　　④ 　　⑦ 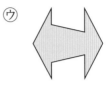　　⑤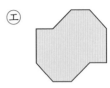

① 点対称な図形はどれですか。

② ①で答えた図形に，対称の中心○をかき入れましょう。

とき方　① ◻️°回転させたとき，ぴったり重なる図形が点対称です。

答え ◻️ , ◻️

② ◻️ する2つの点を結ぶ直線は，対称の中心を通ります。

したがって，◻️ する点を2組見つけ，それぞれを結ぶ直線をひくと，その交わる点が対称の中心○になります。

答え ⑦ 　⑤

☑ちゅうい
右の⑦で，2つの対応する点のうちの1組は半円のいちばん上の点どうしで考えているよ。

---

1 次の⑦～⑤の図形について，あとの問題に答えましょう。

⑦ 　　④ 　　⑦ 　　⑤

❶ 点対称な図形はどれですか。

(　　　　　　)

❷ ❶で答えた図形に，対称の中心○をかき入れましょう。

飛行機の後ろについている翼のことを尾翼というよ。翼が上向きについているものは「垂直尾翼」，左右についているものは「水平尾翼」というんだ。「水平」は「垂直」の反対のことばだね。

例題2　点対称な図形の性質

右の図は，点対称な図形で，点Oは対称の中心です。
あとの問題に答えましょう。

① 点Dに対応する点を答えましょう。

② 辺EFに対応する辺を答えましょう。

③ この図形を対称の中心Oを通る直線ADで2つに
　分けます。分けてできた2つの図形の関係は，どうなっていますか。

④ 直線OAと直線ODの長さの関係はどのようになりますか。

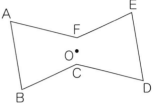

とき方　① 点Aと点　　　　　，点Bと点　　　　　，点Cと点Fが重なります。

答え　点　　　

② 辺ABと辺DE，辺BCと辺　　　　　，

辺CDと辺　　　　　が重なります。

答え　辺　　　

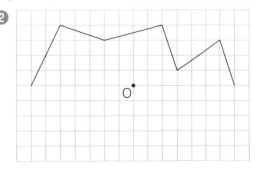
対応する点

③ 直線ADで分けた2つの図形はぴったり重なるので，　　　　　になります。

答え　　　　　になる。

④ 対称の中心Oから対応する2つの点までの長さは，等しくなります。

答え　直線OAと直線ODの長さの関係は　　　　　くなる。

---

2 次の図で，点Oが対称の中心になるように，点対称な図形を完成させましょう。

❶

❷

2 点対称

> 点対称な図形の対応する点,辺,角などの関係に注意して,問題を解いていこう!

深めよう ✦✦✦ ハイ レベル

1 次の⑦〜④の図形について,あとの問題に答えましょう。

⑦ 　④ 　⑦ 　④ 　⑦ 　⑦ 　④

❶ 点対称(てんたいしょう)な図形をすべて選び,記号で答えましょう。

(　　　　　　　　　　　　)

❷ ❶で答えた図形の対称の中心はどこですか。図の中にかきこみましょう。

❸ 線対称でも点対称でもある図形を選び,記号で答えましょう。

(　　　　　　　　　　　　)

2 右の図形は点対称な図形です。これを見て,あとの問題に答えましょう。

❶ 点Bと G,点Eと Jを結んだ直線の交わった点Oを何といいますか。

(　　　　　　　　　　　　)

❷ 点H,点Fに対応する点はそれぞれどれですか。

点H (　　　　　　) 点F (　　　　　　)

3 点Oが対称の中心になるように点対称な図形をかきましょう。

❶ 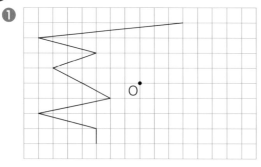　❷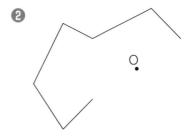

4 右の図は点対称な図形です。

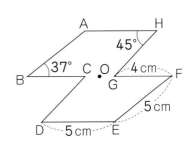

❶ 辺ＡＢに対応する辺はどれですか。

（　　　　　　　　）

❷ 辺ＢＣの長さは何cmですか。

（　　　　　　　　）

❸ 角Ｆの大きさは何度ですか。

（　　　　　　　　）

✦✦✦ **できたらスゴイ！**

5 右の図は，１辺の長さが２cmの正方形を８個組み合わせてつくった点対称な図形です。あとの問題に答えましょう。

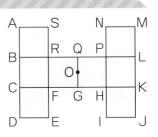

❶ 対称の中心をＯとすると，ＯＱの長さは何cmですか。

（　　　　　　　　）

❷ 直線ＯＡの長さは５cmになります。直線ＯＪの長さは何cmですか。

（　　　　　　　　）

❸ この図形は線対称の図形でもあります。対称の軸は，全部で何本ありますか。

（　　　　　　　　）

❹ 直線ＯＡと長さが等しい直線は，直線ＯＡのほかに何本ありますか。

（　　　　　　　　）

！ヒント

3 **❶** ます目をうまく利用してかくことを考えよう。
　　　❷ 定規で長さをはかってかこう。

4 対応する点どうしをまちがえないように注意しよう。

5 **❸**のことを利用して，**❹**を考えてみよう。

3 多角形と対称

答え ▶ 4ページ

確かめよう ・・・・ ✦ ・・・・✦ **標準** レベル ・・・・・✦

> いろいろな多角形が, 線対称な図形になるか 点対称な図形になるか を調べよう。

例題1 四角形と対称

次の⑦〜⑤の図形について, あとの問題に答えましょう。

⑦ 平行四辺形   ⑦ 長方形   ⑤ ひし形   ⑤ 正方形

① 線対称な図形はどれですか。また, 対称の軸をかき入れましょう。
② 点対称な図形はどれですか。また, 対称の中心〇をかき入れましょう。

とき方 ① [   ] 以外はすべて線対称です。

長方形は対称の軸が [   ] 本, ひし形は対称の軸が [   ] 本,

正方形は対称の軸が [   ] 本あります。

☑ちゅうい
平行四辺形は線対称な図形ではないよ。

答え ⑦ 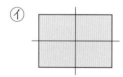 ⑤ ⑤

② すべて [   ] です。

答え ⑦ ⑦ ⑤ ⑤

---

1 **例題1** の⑦〜⑤の図形について, 右の表の空らんをうめましょう。

	線対称	対称の軸の数	点対称
平行四辺形	×	0	〇
長方形			
ひし形			
正方形			

算数では，0より小さい数はないものとして進んできたけれど，じつは0よりも小さい数もあるよ。たとえば，「氷点下10℃」の気温は0℃よりも低い温度だね。

例題2　正多角形と対称

次の㋐〜㋓の図形について，あとの問題に答えましょう。

㋐　正五角形　㋑　正六角形　㋒　正七角形　㋓　正八角形

① 線対称な図形はどれですか。また，対称の軸をかき入れましょう。

② 点対称な図形はどれですか。また，対称の中心○をかき入れましょう。

とき方　① ㋐〜㋓のすべてが線対称です。

対称の軸は，正五角形が □ 本，正六角形が □ 本，

正七角形が □ 本，正八角形が □ 本あります。

答え　㋐ 　㋑ 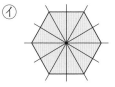　㋒ 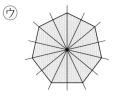　㋓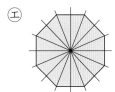

② □ と □ が点対称です。

☑ちゅうい

正多角形は辺の数が偶数のとき，点対称な図形になるよ。

答え　㋑ 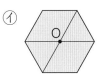　㋓

2　**例題2** の㋐〜㋓の図形について，右の表の空らんをうめましょう。

	線対称	対称の軸の数	点対称
正五角形	○	5	×
正六角形			
正七角形			
正八角形			

3 多角形と対称

答え▶5ページ

> 三角形，四角形，多角形について，線対称や点対称になるかを考えよう。

1 次の⑦～④の図形について，あとの問題に答えましょう。

⑦ 三角形　　④ 正三角形　　⑦ 直角三角形　　④ 二等辺三角形

❶ 線対称な図形をすべて選び，記号で答えましょう。

(　　　　　　　　　)

❷ ❶で答えた図形の対称の軸はどこですか。図の中にかきこみましょう。

2 右の図形はいろいろな四角形です。これを見て，あとの問題に答えましょう。

❶ ⑦の図形の名前をいいましょう。

(　　　　　　　　　)

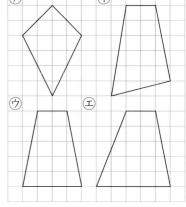

❷ 線対称な図形をすべて選び，記号で答えましょう。

(　　　　　　　　　)

❸ ❷で答えた図形の対称の軸はどこですか。図の中にかきこみましょう。

3 右の図は半円です。これについて，あとの問題に答えましょう。

❶ 点○が対称の中心になるように点対称な図形をかきましょう。

❷ ❶でかいた図形は線対称の図形でもあります。対称の軸の1つを図の中にかきましょう。

4 次の文の中から正しいものをすべて選び，記号で答えましょう。

① 線対称な図形では，対応する点どうしを結ぶ直線は対称の軸と垂直（すいちょく）に交わる。

② 正多角形では，辺の数と同じだけ対称の軸がある。

③ 点対称な図形の中で，対応の中心となる点が2つある図形がある。

④ 点対称な図形では，対応する点を結ぶ直線は，対称の中心で長さが2等分される。

⑤ どんな図形でも，1つの点を中心に180度回転させるともとの図形に重ね合わせることができ，そのような点はたくさんある。

⑥ 線対称な図形では，対応する点どうしを結ぶ直線と対称の軸の交わった点から対応する点までのきょりは同じではない。

(　　　　　　　　　　　　　)

✦✦✦ できたらスゴイ！

5 右の図1，2は，1辺の長さがそれぞれ等しい正六角形と正方形を組み合わせた図形です。あとの問題に答えましょう。

図1

❶ 図1は線対称な図形で，対称の軸は2本あります。図中にかきこみましょう。

図2
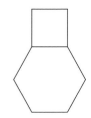

❷ 図2は線対称な図形で，対称の軸は1本あります。図中にかきこみましょう。

❸ 図1は点対称な図形といえますか。

(　　　　　　　　　　　　　)

6 右の図は1辺の長さがそれぞれ等しい正六角形と正方形です。点Aは正六角形の対称の中心です。角あの大きさは何度ですか。

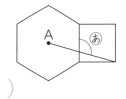

(　　　　　　　　　　　　　)

！ヒント

5 ❶ 平行でない2つの辺の長さが等しいことを「等脚（とうきゃく）」というよ。

5 ❷ 円では，対称の軸は無数にあるよ。どれか1つをかこう。

5 ❸ ❶でかいた2本の対称の軸の交わる点が対称の中心だよ。

6 正六角形は6つの正三角形でできていることを思い出そう！

思考力育成問題

答え▶6ページ

整数の性質が現代社会で使われている例を見てみよう。

❓✏️✂️ 素数について考えてみよう！

⭐ 次の先生とれんさんとかなさんの会話文を読んで，あとの問題に答えましょう。

先生：下の3つのかけ算を見てみよう。共通点は何かな？
　　　4＝2×2, 42＝2×3×7, 60＝2×2×3×5

れんさん：整数が，それよりも小さな整数のかけ算として表されています。

かなさん：かけ算をつくる小さな整数は，いずれも1ではありません。
　　　それから，| ① |
　　　整数になっています。

先生：こうした数のことを，素数というよ。1から10までの整数だと，
　　　素数は2, 3, 5, 7の4つで，それ以外は素数ではないよ。

れんさん：大きな数になればなるほど，その整数が素数かどうかわかりにくく
　　　なりそうです。

先生：その通り。では，323が素数になるか考えてみよう。

かなさん：上の3つの式と同じように，素数の積で表せるかどうかを
　　　調べていくと……
　　　| ② |
　　　素数ではなさそうです。

れんさん：2つの素数の積で表される数をつくることは | ③ | ですが，
　　　ある数を2つの素数の積に分けることは | ④ | ようですね。

先生：それはコンピューターを使っても同じだよ。だから，⑤インターネット上で個人情報を守る「暗号」の技術として利用することができるんだ。

かなさん：算数の知識を使って大切な情報を守るんですか？

先生：実際は，200けた以上の整数を使って暗号をつくるよ。この整数は，2つの素数の積でできている整数なんだ。2つの素数を見つけるためには，一通り調べていく必要があるんだね。だから，とても時間がかかる。暗号技術は，デジタル本人確認や無線LAN（ラン）の技術に使われているよ。

れんさん：整数の性質が現代の重要な技術を支えているんですね。

❶ ①にあてはまる文を，「約数」ということばを使って書きましょう。

（　　　　　　　　　　　　　　　　　　　　　　　）

❷ ②にあてはまる文を，文の終わりが「〜から」となる形で書きましょう。

（　　　　　　　　　　　　　　　　　　　　　　　）

❸ ③と④には「難しい」または「簡単」のどちらかが入ります。それぞれにどちらがあてはまるかを書きましょう。

③（　　　　　　　　　　　）　④（　　　　　　　　　　　）

❹ ⑤について，情報を第三者に知られたくないとき，「公開鍵（こうかいかぎ）」という手順を使って暗号化することがあります。公開鍵をつくるとき，「互いに素」な整数を使うことが知られています。互いに素とは，「3と5」や「12と29」のように，最大公約数が1である2つの整数のことです。144と互いに素である1より大きな整数を，小さいほうから3つ答えましょう。

（　　　　　　　　　　　　　　　　　　　　　　　）

！ヒント
❷ 素数を小さいほうから考えて，323をわりきれるものを探してみよう。
❹ 144を素数の積に表してみよう。

4 文字と式，逆算

答え▶7ページ

確かめよう ・・・・・・・・・ 標準 レベル ・・・・・・・・・

2つの数量の関係を文字 x や y を使って表したり数値を求めたりしよう。

例題1 文字と式

100枚の折り紙のうち x 枚折ると残りは y 枚になりました。あとの問題に答えましょう。

① x と y の関係を式に表しましょう。

② x の値が20のとき，45のときの，対応する y の値をそれぞれ求めましょう。

とき方 ① 数量の関係をことばの式で表すと，

(100枚の折り紙)－(_____ 枚数)＝(_____ 枚数)

となります。 答え $100-x=y$

② $x=20$ をあてはめると，$y=100-$ _____ ＝ _____

$x=45$ をあてはめると，$y=100-$ _____ ＝ _____

答え $x=20$ のとき $y=$ _____ ，$x=45$ のとき $y=$ _____

---

1 1個80円のみかんを x 個買います。

❶ 代金を求める式を，x を使って書きましょう。

( )

❷ x の値が5のとき，12のときの代金をそれぞれ求めましょう。

$x=5$ のとき ( )　$x=12$ のとき ( )

2 1辺が x cm のひし形のまわりの長さを y cm とします。

❶ x と y の関係を式に表しましょう。

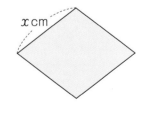

x cm

( )

❷ x の値が8のとき，20のときの対応する y の値をそれぞれ求めましょう。

$x=8$ のとき ( )　$x=20$ のとき ( )

算数豆知識

「氷点下10℃」は「−10℃」ともいうよ。「ひく」ではなく「マイナス」と読むよ。英語で表すと「minus」。0より大きい数を「正の数」，0より小さい数を「負の数」というよ。

例題2 逆算

次の式で，x にあてはまる数を求めましょう。

① $x+3=7$　　② $x-4=9$　　③ $x\times5=35$

④ $x\div6=5$　　⑤ $18-x=12$　　⑥ $48\div x=6$

とき方　たし算とひき算，かけ算とわり算は，それぞれ逆の関係になります。

① $x+3=7$　　② $x-4=9$　　③ $x\times5=35$

　$x=7-3$　　　$x=9+4$　　　$x=35\div5$

　$x=\boxed{\ }$　　　$x=\boxed{\ }$　　　$x=\boxed{\ }$

　答え $\boxed{\ }$　　答え $\boxed{\ }$　　答え $\boxed{\ }$

④ $x\div6=5$　　⑤ $18-x=12$　　⑥ $48\div x=6$

　$x=5\times6$　　　$x=18-12$　　　$x=48\div6$

　$x=\boxed{\ }$　　　$x=\boxed{\ }$　　　$x=\boxed{\ }$

　答え $\boxed{\ }$　　答え $\boxed{\ }$　　答え $\boxed{\ }$

3 次の式で，x にあてはまる数を求めましょう。

❶ $x+5=9$　　❷ $x-2=6$　　❸ $x\times7=63$

❹ $x\div3=8$　　❺ $23-x=21$　　❻ $28\div x=4$

4 ボールペン5本と60円のえん筆を1本買ったら，代金は810円でした。

❶ ボールペン1本の値段を x 円として，このことを式に表しましょう。

（　　　　　　　　　　）

❷ ボールペン1本の値段はいくらですか。

（　　　　　　　　　　）

4 文字と式, 逆算

答え▶7ページ

文字 x や y を使って式を表したり, 逆算の計算のしかたを考えたりしよう。

深めよう ★★★ ハイ レベル

❶ 1個150円のりんごを x 個買い, 50円の箱につめてもらいます。

❶ 代金の合計を求める式を, x を使って書きましょう。

(　　　　　　　　　　)

❷ x の値が9のとき, 21のときの代金をそれぞれ求めましょう。

$x＝9$ のとき (　　　　　　　)　　$x＝21$ のとき (　　　　　　　)

❷ 対角線の長さが x cm と 6 cm のひし形の面積を y cm^2 とします。

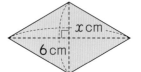

❶ x と y の関係を式に表しましょう。

(　　　　　　　　　　)

❷ x の値が8のとき, 10.5のときの対応する y の値をそれぞれ求めましょう。

$x＝8$ のとき (　　　　　　　)　　$x＝10.5$ のとき (　　　　　　　)

❸ 次の場面で, x と y の関係を式に表しましょう。

❶ 15cm のロウソクが x cm 燃えると, 残りは y cm です。

(　　　　　　　　　　)

❷ x 個のあめを同じ数ずつ5日間で食べると, 1日に y 個食べることになります。

(　　　　　　　　　　)

❸ 1枚30円のせんべいを x 枚買ったら代金は y 円です。

(　　　　　　　　　　)

❹ x mL の牛乳と 150mL のコーヒーを混ぜて y mL のコーヒー牛乳を作りました。

(　　　　　　　　　　)

4 次の式で，xにあてはまる数を求めましょう。

① $x+4.7=6.2$　　　　**②** $x-1.9=9.1$　　　　**③** $x\times5.4=24.3$

④ $x\div6.5=4.2$　　　　**⑤** $15.2-x=13.6$　　　　**⑥** $6.5\div x=2.5$

✦✦✦ **できたらスゴイ！**

5 半径$x$cmの円のまわりの長さを$y$cmとします。

① xとyの関係を式に表しましょう。

（　　　　　　　　　　　　）

② xの値が15のときの対応するyの値を求めましょう。

（　　　　　　　　　　　　）

③ yの値が81.64になるときの，xの値を求めましょう。

（　　　　　　　　　　　　）

6 マンゴー4個を買い，500円の箱に入れてもらいました。代金を3人で，3等分すると1人3900円になりました。

① マンゴー1個の値段をx円として，このことを式に表しましょう。

（　　　　　　　　　　　　）

② マンゴー1個の値段はいくらですか。

（　　　　　　　　　　　　）

！ヒント

4 数値が小数になっても計算のしかたは同じだよ。

5 **①** 円のまわりの長さは，直径×3.14だったね。　　**③** 逆算の計算になるよ！

6 **①** ことばの式で表すと，
〔(マンゴー4個の代金)＋(箱代)〕÷3＝(1人の金額)となるね。

5 分数×整数, 分数÷整数

確かめよう ······ ✦ ✦ ✦ 標準 レベル ·······

分数に整数をかけたり, 分数を整数でわったりする計算を学習しよう。

答え▶8ページ

例題 1 │ 分数×整数

1dLでかべを $\frac{2}{5}$ m² ぬれるペンキがあります。このペンキ 2dL で, かべを何 m² ぬれますか。

とき方 ぬれる面積を求める式は, $\frac{2}{5} \times \boxed{}$ 面積は, $\frac{1}{5}$ m² が (2×2) 個

分だから, $\dfrac{\boxed{}}{\boxed{}}$ m² となります。

式で表すと, $\dfrac{2}{5} \times 2 = \dfrac{2 \times 2}{5} = \dfrac{\boxed{}}{\boxed{}}$

答え $\dfrac{\boxed{}}{\boxed{}}$ m²

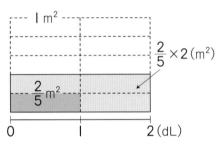

👉 **たいせつ**

分数×整数の計算
分母はそのままにして, 分子に整数をかける。

---

1 次の計算をしましょう。

① $\frac{1}{4} \times 9$ ② $\frac{2}{3} \times 11$ ③ $\frac{5}{6} \times 5$

④ $\frac{2}{7} \times 8$ ⑤ $\frac{2}{3} \times 2$ ⑥ $\frac{7}{8} \times 3$

2 次の計算をしましょう。ただし, $\dfrac{5}{6} \times 3 = \dfrac{5 \times \overset{1}{\cancel{3}}}{\underset{2}{\cancel{6}}} = \dfrac{5}{2}$ のように, 計算のと中で約分できるときは約分しましょう。

① $\frac{5}{9} \times 12$ ② $\frac{3}{8} \times 12$ ③ $\frac{7}{10} \times 6$

④ $\frac{11}{12} \times 8$ ⑤ $\frac{4}{13} \times 26$ ⑥ $\frac{5}{18} \times 15$

楽譜の上に書かれている黒や白色の丸のことを音符というね。音符を使って，リズムを表すことができるよ。「1，2，3，4」と4つ分でリズムをとるけれど，1つ分を「四分音符」というよ。♩で表されるよ。

例題2 　分数÷整数

2dLでかべを $\frac{3}{5}$ m² ぬれるペンキがあります。このペンキ1dLでは，かべを何m²ぬれますか。

とき方　ぬれる面積を求める式は，$\frac{3}{5} \div \boxed{}$

$\frac{3}{5}$ m² を2等分します。1個のますは $\frac{1}{5 \times 2}$ m²

で，この3個分だから，$\frac{\boxed{}}{\boxed{}}$ m²

となります。式で表すと，

$$\frac{3}{5} \div 2 = \frac{3}{5 \times 2} = \frac{\boxed{}}{\boxed{}}$$　**答え** $\boxed{}$ m²

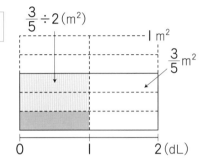
$\frac{3}{5} \div 2 \,(\text{m}^2)$

$\frac{3}{5}$m²

0　　　1　　　2(dL)

たいせつ
分数÷整数の計算
分子はそのままにして，分母に整数をかける。

3 次の計算をしましょう。

① $\frac{1}{5} \div 7$　　　② $\frac{3}{4} \div 2$　　　③ $\frac{5}{7} \div 6$

④ $\frac{7}{9} \div 4$　　　⑤ $\frac{4}{11} \div 3$　　　⑥ $\frac{9}{13} \div 5$

4 次の計算をしましょう。ただし，$\frac{4}{7} \div 2 = \frac{\overset{2}{\cancel{4}}}{7 \times \underset{1}{\cancel{2}}} = \frac{2}{7}$ のように，計算のと中で約分できるときは約分しましょう。

① $\frac{2}{3} \div 4$　　　② $\frac{6}{11} \div 9$　　　③ $\frac{2}{3} \div 8$

④ $\frac{14}{17} \div 10$　　　⑤ $\frac{6}{7} \div 3$　　　⑥ $\frac{8}{15} \div 12$

答え▶9ページ

5 分数×整数，分数÷整数

深めよう ✦✦✦ ハイ レベル

> すこし複雑な分数と整数のかけ算とわり算の計算や文章題を練習しよう。

① 次の計算をしましょう。

❶ $\dfrac{2}{5} \times 7$

❷ $\dfrac{5}{6} \times 15$

❸ $\dfrac{7}{12} \times 16$

❹ $\dfrac{3}{4} \div 5$

❺ $\dfrac{4}{7} \div 10$

❻ $\dfrac{9}{14} \div 12$

② 次の□にあてはまる数を求めましょう。

❶ $\square \div 5 = \dfrac{2}{3}$

❷ $\square \div 6 = \dfrac{5}{12}$

❸ $\square \div 8 = \dfrac{5}{24}$

❹ $\square \times 7 = \dfrac{3}{5}$

❺ $\square \times 5 = \dfrac{15}{16}$

❻ $9 \times \square = \dfrac{6}{11}$

③ 帯分数は仮分数になおして，次の計算をしましょう。

❶ $1\dfrac{1}{7} \times 8$

❷ $2\dfrac{2}{5} \times 3$

❸ $5\dfrac{3}{4} \times 12$

❹ $2\dfrac{1}{3} \div 10$

❺ $5\dfrac{1}{3} \div 8$

❻ $7\dfrac{3}{7} \div 4$

④ 1mの重さが$1\frac{3}{7}$kgの角材があります。この角材12mの重さは何kgですか。
式

答え（　　　　　　　）

⑤ 15Lの重さが$16\frac{3}{7}$kgの液体があります。この液体1Lの重さは何kgですか。
式

答え（　　　　　　　）

★★★ できたらスゴイ！

⑥ $\frac{2}{3}$L入りのジュースが5本，$\frac{5}{6}$L入りのジュースが7本，$\frac{1}{4}$L入りのジュースが9本あります。あわせて何Lのジュースがありますか。
式

答え（　　　　　　　）

⑦ りかさんはひろこさんの$1\frac{2}{3}$倍のおはじきを持っていて，あけみさんはりかさんの4倍のおはじきを持っています。あけみさんはひろこさんの何倍のおはじきを持っていますか。
式

答え（　　　　　　　）

⑧ ある数を6倍するところをまちがえて6でわってしまったので，答えが$1\frac{5}{9}$になりました。正しい答えを求めましょう。

答え（　　　　　　　）

！ヒント
⑥ それぞれのジュースの量を計算して，合計を求めればいいね。
⑦ ひろこさん → りかさん → あけみさんと順番に整理して考えよう。
⑧ ある数を□としたとき，□×6の計算を□÷6＝$1\frac{5}{9}$としてしまったということだよ！

6 分数×分数

標準 レベル

分数に分数をかける計算を学習します。計算のしかたをしっかり身につけよう！

例題1 分数×分数

次の問いに答えましょう。

① IdLでかべを $\frac{5}{7}$ m² ぬれるペンキがあります。このペンキ $\frac{3}{4}$ dLで，かべを何m²ぬれますか。

② $\frac{3}{5} \times \frac{7}{9}$ を計算しましょう。

とき方 ① ぬれる面積を求める式は，

$$\frac{5}{7} \times \boxed{}$$

面積は，$\left(\frac{1}{7} \times \frac{1}{4} \right)$m²

が(5×3)個分だから，$\boxed{}$ m² と

なります。式で表すと，

$$\frac{5}{7} \times \frac{3}{4} = \frac{5 \times 3}{7 \times 4} = \boxed{}$$

答え $\boxed{}$ m²

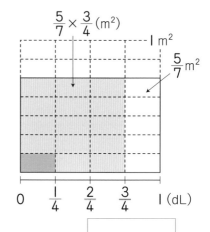

$\frac{5}{7} \times \frac{3}{4}$ (m²)

I m²

$\frac{5}{7}$ m²

② 分母どうし，分子どうしをかけて，約分できるときは約分します。

$$\frac{3}{5} \times \frac{7}{9} = \frac{\overset{1}{3} \times 7}{5 \times \underset{3}{9}} = \boxed{}$$

答え $\boxed{}$

1 次の計算をしましょう。

① $\frac{2}{7} \times \frac{2}{9}$

② $\frac{3}{10} \times \frac{3}{5}$

③ $\frac{9}{11} \times \frac{7}{10}$

2 次の計算をしましょう。

① $\frac{2}{3} \times \frac{3}{5}$

② $\frac{7}{12} \times \frac{4}{9}$

③ $\frac{9}{16} \times \frac{8}{21}$

物知り算数豆知識

「四分音符」は「1，2，3，4」のリズムの $\frac{1}{4}$ だね。これを「1拍」というよ。「八分音符」1つはその半分の「0.5拍」を，「十六分音符」1つはさらに半分の「0.25拍」を表すよ。

例題2 整数×分数，帯分数のかけ算，3つの分数のかけ算

次の計算をしましょう。

① $4 \times \dfrac{2}{9}$

② $1\dfrac{1}{5} \times \dfrac{5}{12}$

③ $\dfrac{4}{9} \times \dfrac{11}{14} \times \dfrac{15}{11}$

とき方 ① 整数を，分母が1の分数と考えて計算します。

$$4 \times \frac{2}{9} = \frac{4}{1} \times \frac{2}{9} = \frac{4 \times 2}{1 \times 9} = \boxed{}$$

答え

② 帯分数を仮分数になおして，約分してから計算します。

$$1\frac{1}{5} \times \frac{5}{12} = \frac{6}{5} \times \frac{5}{12} = \frac{\overset{1}{\cancel{6}} \times \overset{1}{\cancel{5}}}{\underset{1}{\cancel{5}} \times \underset{2}{\cancel{12}}} = \boxed{}$$

答え

③ 1つの分数にまとめ，約分してから計算します。

$$\frac{4}{9} \times \frac{11}{14} \times \frac{15}{11} = \frac{\overset{2}{\cancel{4}} \times \overset{1}{\cancel{11}} \times \overset{5}{\cancel{15}}}{\underset{3}{\cancel{9}} \times \underset{7}{\cancel{14}} \times \underset{1}{\cancel{11}}} = \boxed{}$$

答え

---

3 次の計算をしましょう。

❶ $3 \times \dfrac{2}{5}$

❷ $6 \times \dfrac{5}{9}$

❸ $12 \times \dfrac{7}{18}$

4 次の計算をしましょう。

❶ $1\dfrac{3}{4} \times \dfrac{8}{21}$

❷ $2\dfrac{5}{8} \times \dfrac{14}{15}$

❸ $\dfrac{35}{36} \times 1\dfrac{2}{7}$

❹ $\dfrac{27}{25} \times 2\dfrac{2}{9}$

❺ $2\dfrac{2}{9} \times 3\dfrac{3}{5}$

❻ $3\dfrac{3}{8} \times 1\dfrac{1}{3}$

5 次の計算をしましょう。

❶ $\dfrac{3}{4} \times \dfrac{4}{5} \times \dfrac{10}{9}$

❷ $\dfrac{5}{9} \times \dfrac{6}{7} \times \dfrac{14}{25}$

❸ $\dfrac{7}{20} \times \dfrac{15}{13} \times \dfrac{39}{49}$

答え ▶ 10ページ

6 分数×分数

 深め よう

★ ★ ★ ハイ レベル

すこし複雑な分数と分数のいろいろなかけ算の計算や文章題を練習するよ。

① 次の計算をしましょう。

❶ $4 \times \dfrac{5}{7}$

❷ $5 \times \dfrac{3}{20}$

❸ $2\dfrac{2}{5} \times \dfrac{5}{12}$

❹ $1\dfrac{5}{9} \times 3\dfrac{6}{7}$

❺ $\dfrac{13}{15} \times \dfrac{25}{16} \times \dfrac{8}{13}$

❻ $\dfrac{7}{12} \times \dfrac{5}{14} \times \dfrac{9}{20}$

② 次の□にあてはまる数を求めましょう。

❶ $\square \div \dfrac{6}{7} = 3$

❷ $\square \div \dfrac{4}{5} = 20$

❸ $\square \div \dfrac{9}{10} = \dfrac{3}{8}$

❹ $\square \div \dfrac{7}{12} = \dfrac{9}{14}$

❺ $\square \div \dfrac{5}{7} = \dfrac{7}{8} \times \dfrac{12}{25}$

❻ $\square \div \dfrac{8}{9} = \dfrac{11}{16} \times \dfrac{6}{55}$

③ 帯分数は仮分数になおして，次の計算をしましょう。

❶ $\dfrac{3}{5} \times 1\dfrac{3}{7} \times \dfrac{14}{27}$

❷ $\dfrac{9}{10} \times \dfrac{5}{8} \times 2\dfrac{2}{3}$

❸ $4\dfrac{4}{5} \times \dfrac{15}{28} \times \dfrac{7}{12}$

❹ $1\dfrac{1}{3} \times \dfrac{3}{5} \times 1\dfrac{1}{4}$

❺ $\dfrac{7}{9} \times 3\dfrac{3}{5} \times 2\dfrac{1}{7}$

❻ $1\dfrac{1}{4} \times 2\dfrac{2}{5} \times 3\dfrac{5}{6}$

④ 1mの値段が30円のリボンがあります。このリボン$2\dfrac{1}{6}$mの代金は何円ですか。

式

答え（　　　　　　　）

5 □にあてはまる不等号を書きましょう。

❶ $3 \times 1\frac{2}{7}$ □ 3　　　❷ $\frac{3}{5} \times \frac{3}{4}$ □ $\frac{3}{5}$　　　❸ $\frac{2}{3} \times \frac{7}{6}$ □ $\frac{2}{3}$

6 縦 $\frac{4}{7}$ cm，横 $\frac{2}{3}$ cm，高さ $\frac{7}{8}$ cm の直方体の体積は何cm³になりますか。

式

答え（　　　　　　）

★★★ できたらスゴイ！

7 2Lのジュースの $\frac{1}{5}$ だけを飲みました。あと何L残っていますか。

式

答え（　　　　　　）

8 のぞみさんのクラスは男女あわせて36人います。男子の人数はクラス全体の $\frac{4}{9}$ で，今日は女子の $\frac{1}{5}$ が休んでいます。今日，出席している女子は何人ですか。

式

答え（　　　　　　）

9 昨日，144ページある本の $\frac{1}{3}$ を読み，今日，残りの $\frac{1}{4}$ を読みました。残ったページは何ページですか。

式

答え（　　　　　　）

❗ヒント

7 まず，飲んだジュースの量を計算すればいいね。

8，**9** 線分図をかいて，求めるものをまちがえないようにしよう。

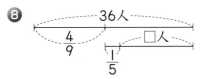 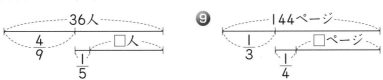

「答えと考え方」を読んでおさらいしよう！　　29

7 分数÷分数

確かめよう

標準 レベル

逆数をとって分数を分数でわる計算を学習しよう。

例題1 分数÷分数

次の問いに答えましょう。

① $\frac{3}{5}$ dLでかべを $\frac{4}{7}$ m² ぬれるペンキがあります。このペンキ1dLでは，かべを何m²ぬれますか。

② $\frac{5}{6} \div \frac{10}{9}$ を計算しましょう。

とき方 ① ぬれる面積を求める式は，$\frac{4}{7} \div \boxed{}$

面積は，$\left(\frac{4}{7} \div 3\right)$ m² が5個分だから，

$$\left(\frac{4}{7} \times \frac{1}{3}\right) \times 5 = \frac{4 \times 5}{7 \times 3} = \boxed{} \text{ (m}^2)$$

となります。 **答え** $\boxed{}$ m²

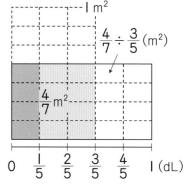

② わる数の分母と分子を入れかえた数をかけて，約分できるときは約分します。

逆数

$$\frac{5}{6} \div \frac{10}{9} = \frac{\overset{1}{\cancel{5}} \times \overset{3}{\cancel{9}}}{\underset{2}{\cancel{6}} \times \underset{2}{\cancel{10}}} = \boxed{}$$ **答え** $\boxed{}$

1 次の数の逆数を求めましょう。

❶ $\frac{4}{9}$ ❷ 7 ❸ $1\frac{2}{9}$

(   ) (   ) (   )

2 次の計算をしましょう。

❶ $\frac{3}{4} \div \frac{2}{5}$ ❷ $\frac{12}{13} \div \frac{4}{9}$ ❸ $\frac{9}{10} \div \frac{3}{20}$

物知り
算数
豆知識

「拍」のまとまりのことを「拍子」というよ。「4分の4拍子」のように表されるよ。「4分の4拍子」は1小節(楽譜の区切り)の中に四分音符が4つあることを表しているよ。

例題2　整数÷分数，帯分数のわり算，×と÷のまじった計算

次の計算をしましょう。

① $2 \div \dfrac{13}{6}$ 　　　　② $1\dfrac{3}{5} \div 1\dfrac{1}{7}$ 　　　　③ $\dfrac{3}{8} \div \dfrac{5}{16} \times \dfrac{10}{9}$

とき方　① 整数を，分母が1の分数と考えて計算します。

$$2 \div \frac{13}{6} = \frac{2}{1} \times \frac{6}{13} = \frac{2 \times 6}{1 \times 13} = \boxed{}$$ 　 $\boxed{}$

② 帯分数を仮分数になおして，約分してから計算します。

$$1\frac{3}{5} \div 1\frac{1}{7} = \frac{8}{5} \div \frac{8}{7} = \frac{8}{5} \times \frac{7}{8} = \frac{\overset{1}{8} \times 7}{5 \times \underset{1}{8}} = \boxed{}$$ 　 $\boxed{}$

③ わり算をかけ算になおし，1つの分数にし，約分してから計算します。

$$\frac{3}{8} \div \frac{5}{16} \times \frac{10}{9} = \frac{3}{8} \times \frac{16}{5} \times \frac{10}{9} = \frac{\overset{1}{3} \times \overset{2}{16} \times \overset{2}{10}}{\underset{1}{8} \times \underset{1}{5} \times \underset{3}{9}} = \boxed{}$$

  $\boxed{}$

---

3 次の計算をしましょう。

❶ $2 \div \dfrac{3}{7}$ 　　　　❷ $4 \div \dfrac{6}{5}$ 　　　　❸ $15 \div \dfrac{5}{6}$

4 次の計算をしましょう。

❶ $\dfrac{5}{4} \div 1\dfrac{7}{8}$ 　　　　❷ $2\dfrac{1}{5} \div 1\dfrac{5}{6}$ 　　　　❸ $2\dfrac{1}{3} \div 4\dfrac{1}{5}$

5 次の計算をしましょう。

❶ $\dfrac{7}{9} \times \dfrac{3}{11} \div \dfrac{21}{22}$ 　　　　❷ $\dfrac{7}{12} \div \dfrac{5}{8} \times \dfrac{15}{28}$ 　　　　❸ $\dfrac{5}{16} \div \dfrac{15}{32} \div \dfrac{8}{15}$

7　分数÷分数

深めよう　★　★　★　ハイ レベル

かけ算とわり算のまじった分数の計算をたくさん解いてみよう。

1 次の計算をしましょう。

① $4 \div \dfrac{5}{6}$

② $2 \div \dfrac{8}{9}$

③ $1\dfrac{3}{4} \div \dfrac{7}{12}$

④ $2\dfrac{1}{7} \div 3\dfrac{1}{8}$

⑤ $\dfrac{5}{8} \div \dfrac{10}{13} \times \dfrac{16}{39}$

⑥ $\dfrac{4}{9} \times \dfrac{7}{5} \div \dfrac{14}{15}$

2 次の□にあてはまる数を求めましょう。

① $□ \times \dfrac{5}{9} = 2$

② $□ \div \dfrac{2}{5} = 10$

③ $□ \times \dfrac{4}{7} = \dfrac{5}{8}$

④ $□ \div \dfrac{13}{6} = \dfrac{9}{26}$

⑤ $□ \times \dfrac{8}{15} = \dfrac{4}{5} \times \dfrac{6}{7}$

⑥ $□ \div \dfrac{6}{5} = \dfrac{5}{14} \times \dfrac{7}{9}$

3 帯分数は仮分数になおして，次の計算をしましょう。

① $\dfrac{5}{6} \div 2\dfrac{1}{7} \times \dfrac{9}{14}$

② $\dfrac{3}{4} \times \dfrac{5}{9} \div 3\dfrac{3}{4}$

③ $1\dfrac{1}{2} \div 1\dfrac{2}{3} \div \dfrac{9}{10}$

④ $2\dfrac{2}{3} \times \dfrac{3}{5} \div 3\dfrac{1}{5}$

⑤ $1\dfrac{2}{3} \div 2\dfrac{4}{5} \div 3\dfrac{4}{7}$

⑥ $2\dfrac{2}{5} \div 5\dfrac{1}{3} \times 4\dfrac{1}{6}$

4 $2\dfrac{2}{5}$ mの値段が120円のロープがあります。このロープ1mの代金は何円ですか。

式

答え（　　　　　　　　　）

5 □にあてはまる不等号を書きましょう。

① $6 \div \dfrac{7}{9}$ □ 6　　　　② $\dfrac{5}{6} \div \dfrac{6}{5}$ □ $\dfrac{5}{6}$　　　　③ $\dfrac{3}{4} \div 1\dfrac{1}{3}$ □ $\dfrac{3}{4}$

6 次の①〜③を，答えが小さい順に並べかえ，記号で答えましょう。

① $5 \times \dfrac{2}{3}$　　　　② $5 \div \dfrac{2}{3}$　　　　③ $5 - \dfrac{2}{3}$

（　　　　　　　）

7 底辺 $\dfrac{7}{6}$ cm，高さ $\dfrac{16}{7}$ cm の三角形の面積は何 cm² になりますか。

式

答え（　　　　　　　）

★★★ できたらスゴイ！

8 $\dfrac{3}{4}$ m の重さが $10\dfrac{4}{5}$ g の針金があります。あとの問題に答えましょう。

① この針金1mの重さは，何gになりますか。

式

答え（　　　　　　　）

② この針金1gの長さは，何mになりますか。

式

答え（　　　　　　　）

9 $5\dfrac{3}{4}$ m のリボンを1人に $\dfrac{5}{6}$ m ずつ分けると，何人に配れて何m余りますか。

式

答え（　　　　　　　）

！ヒント

7 底辺×高さ÷2のわり算のところをかけ算になおして計算するよ。

8 もとにする量をまちがえないようにしよう。

9 わり算で求めた答えを帯分数にして，配れる人数を求めてから余りを求めることに注意しよう。

「答えと考え方」を読んでおさらいしよう！　　33

8 いろいろな分数の計算

確かめよう

標準 レベル

分数と小数がまじった式や，計算のきまりを利用した式を計算してみよう！

例題1 分数と小数のまじった計算

小数や整数を分数で表して計算しましょう。

① $0.3 \div \dfrac{6}{7} \times 2$

② $0.17 \times 8 \div 5.1$

とき方 小数は分数で表すことができるので，分数の計算にすると，わり切れない計算でも分数で答えを表すことができ，計算が簡単になる場合があります。

① $0.3 \div \dfrac{6}{7} \times 2 = \dfrac{3}{10} \div \dfrac{6}{7} \times \dfrac{2}{1} = \dfrac{3}{10} \times \dfrac{7}{6} \times \dfrac{2}{1}$

$= \dfrac{\overset{1}{3} \times 7 \times \overset{1}{2}}{\underset{5}{10} \times \underset{2}{6} \times 1} = \dfrac{}{}$  答え $\dfrac{}{}$

② $0.17 \times 8 \div 5.1 = \dfrac{}{} \times 8 \div \dfrac{51}{10} = \dfrac{17}{100} \times 8 \times \dfrac{10}{51}$

$= \dfrac{\overset{1}{17} \times \overset{4}{8} \times \overset{1}{10}}{\underset{\underset{5}{10}}{100} \times 1 \times \underset{3}{51}} = \dfrac{}{}$  答え $\dfrac{}{}$

---

1 次の計算をしましょう。

❶ $\dfrac{5}{6} \times 1.2$

❷ $\dfrac{3}{7} \times 2.1$

❸ $\dfrac{4}{15} \div 0.8$

❹ $1.2 \times \dfrac{3}{4} \times \dfrac{2}{3}$

❺ $\dfrac{2}{3} \times 0.4 \div \dfrac{1}{6}$

❻ $\dfrac{4}{5} \div \dfrac{4}{9} \times 1.25$

2 次の計算をしましょう。

❶ $4.9 \div 2.8$

❷ $8 \div 0.96$

❸ $0.7 \div 1.05 \times 3.6$

❹ $0.15 \times 12 \div 4.5$

❺ $25 \div 27 \times 18 \div 15$

❻ $1.2 \div 16 \times 20 \div 0.8$

「四六時中」という四字熟語があるね。「四」と「六」，つまり，4×6＝24時間だね。「24時間中＝いつも，つねに」という意味だよ。九九の言葉遊びだね！

例題2 計算のきまりの利用

計算のきまりを使って，次の計算をしましょう。

① $\left(\dfrac{1}{3}+\dfrac{2}{5}\right)\times15$

② $\dfrac{8}{11}\times\dfrac{5}{7}+\dfrac{14}{11}\times\dfrac{5}{7}$

とき方　① 計算のきまり(○＋△)×□＝○×□＋△×□ を利用します。

$$\left(\underset{○}{\dfrac{1}{3}}+\underset{△}{\dfrac{2}{5}}\right)\times\underset{□}{15}=\dfrac{1}{3}\times15+\dfrac{2}{5}\times15=\boxed{}+\boxed{}$$

$$=\boxed{}\qquad \text{答え}\ \boxed{}$$

② $\dfrac{5}{7}$ が2つかけられていることに注目します。

①の計算を逆にして，○×□＋△×□＝(○＋△)×□ を利用します。

$$\underset{○}{\dfrac{8}{11}}\times\underset{□}{\dfrac{5}{7}}+\underset{△}{\dfrac{13}{11}}\times\underset{□}{\dfrac{5}{7}}=\left(\dfrac{8}{11}+\dfrac{13}{11}\right)\times\boxed{}=\boxed{}\times\dfrac{5}{7}$$

$$=\boxed{}\qquad \text{答え}\ \boxed{}$$

---

3 次の計算をしましょう。

❶ $\left(\dfrac{4}{7}\times\dfrac{3}{5}\right)\times\dfrac{5}{3}$

❷ $\dfrac{3}{8}\times\left(\dfrac{16}{3}\times\dfrac{4}{5}\right)$

❸ $\left(\dfrac{3}{4}+\dfrac{5}{6}\right)\times12$

❹ $\left(\dfrac{1}{4}+\dfrac{4}{5}\right)\times\dfrac{20}{3}$

❺ $18\times\left(\dfrac{5}{6}+\dfrac{2}{9}\right)$

❻ $\dfrac{12}{7}\times\left(\dfrac{5}{3}+\dfrac{9}{4}\right)$

4 次の計算をしましょう。

❶ $\dfrac{3}{7}\times5+\dfrac{3}{7}\times9$

❷ $\dfrac{15}{4}\times\dfrac{13}{6}+\dfrac{15}{4}\times\dfrac{11}{6}$

❸ $2\dfrac{7}{9}\times\dfrac{11}{12}+\dfrac{2}{9}\times\dfrac{11}{12}$

答え ▶ 13ページ

8 いろいろな分数の計算

深めよう

ハイ レベル

複雑な計算が多いけれど，あわてずに取り組んでみよう！

❶ 次の計算をしましょう。

① $\left(\dfrac{3}{5} \times \dfrac{4}{7} \right) \times \dfrac{21}{2}$

② $\left(\dfrac{3}{7} + \dfrac{2}{3} \right) \times 21$

③ $\dfrac{8}{9} \times 11 + \dfrac{8}{9} \times 16$

④ $3.2 \times \dfrac{2}{5} \times \dfrac{7}{8}$

⑤ $\dfrac{2}{9} \times \dfrac{3}{4} \div 0.3$

⑥ $\dfrac{9}{10} \div 0.375 \times \dfrac{5}{6}$

❷ 次の計算をしましょう。

① $\left(0.2 + \dfrac{1}{4} \right) \times 20$

② $\left(\dfrac{1}{2} + \dfrac{2}{5} \right) \div \dfrac{13}{10}$

③ $\dfrac{5}{8} \times 6.3 + \dfrac{5}{8} \times 9.7$

④ $\dfrac{3}{7} \times 9.9 + \dfrac{4}{7} \times 9.9$

⑤ $\dfrac{7}{8} \times \dfrac{5}{6} + \dfrac{1}{6} \times \dfrac{7}{8}$

⑥ $\dfrac{10}{11} \times \dfrac{7}{9} + \dfrac{4}{9} \times \dfrac{10}{11}$

❸ 次の計算をしましょう。

① $1.75 \times \dfrac{5}{6} \times \dfrac{4}{7}$

② $\dfrac{1}{6} \times 0.8 \div \dfrac{2}{5}$

③ $\dfrac{3}{4} \div \dfrac{9}{10} \times 1.125$

④ $\dfrac{1}{5} \times \dfrac{3}{4} \times 3.5 \div \dfrac{7}{8}$

⑤ $\dfrac{2}{3} \times 2 \div \dfrac{4}{5} \times 1.4$

⑥ $\dfrac{4}{5} \div \dfrac{3}{7} \times 0.625 \div \dfrac{7}{9}$

❹ 次の計算をしましょう。

❶ $\dfrac{12}{5} \times \dfrac{7}{8} - 0.25 \div \dfrac{5}{16}$

❷ $\dfrac{41}{6} - 0.66 \div \dfrac{22}{25} \div 3$

❸ $2\dfrac{19}{22} \div 3\dfrac{1}{2} + \dfrac{1}{7} \times 3 \div \dfrac{11}{14}$

❹ $1\dfrac{1}{5} \div 4.2 \times 0.49 - \dfrac{1}{24} \div 2\dfrac{1}{12}$

❺ ある数に1.5をかけて，$\dfrac{5}{6}$ でわると2になります。ある数を求めましょう。

式

答え（　　　　　　　　　　）

❻ 2つの対角線の長さが1.25cm，$\dfrac{3}{5}$ cmのひし形の面積は何cm^{2}になりますか。

式

答え（　　　　　　　　　　）

★★★ できたらスゴイ！

❼ 次の□にあてはまる数を求めましょう。

❶ $\dfrac{5}{6} \div \dfrac{2}{□} - \dfrac{1}{4} = 2\dfrac{2}{3}$

❷ $1\dfrac{3}{4} \times 1\dfrac{3}{5} - 8 \div □ = \dfrac{1}{10}$

！ヒント

❻ ひし形の面積は，対角線×対角線÷2だったね。

❼ □の数を求めるとき，□×6＝12 → □＝12÷6のように計算する方法を，「逆算」というよ。
　　たし算とひき算は，かけ算とわり算よりも先に逆算をしていくんだよ。

答え▶14ページ

9 速さと分数

確かめよう 　　　　　　　　**標準** レベル

> 分数の計算を使って時間や道のりや速さを求めていこう。

例題1 時間と分数，速さと分数

次の問題に答えましょう。

① $\frac{2}{5}$ 時間は何分ですか。また，40秒は何分ですか。分数で答えましょう。

② 4km走るのに5分かかる自動車の時速は何kmですか。

とき方 ① 1時間＝60分だから，$\frac{2}{5}$ 時間＝$\left(60\times\frac{2}{5}\right)$ 分＝ ☐ 分

1分＝60秒だから，40秒＝（40÷60）分＝$\frac{40}{60}$ 分＝ ☐ 分

答え $\frac{2}{5}$ 時間… ☐ 分，40秒… ☐ 分

② 時速を求めるので，単位を時間にすると，5分＝$\frac{5}{60}$ 時間＝ ☐ 時間

（速さ）＝（道のり）÷（時間）だから，$4\div\frac{1}{12}=4\times12=$ ☐ （km）

答え 時速 ☐ km

さんこう

分速は $4\div5=\frac{4}{5}$（km）となるから，求める時速は，$\frac{4}{5}\times60=48$（km）

1 次の時間を，（ ）の中の単位で表しましょう。

❶ $\frac{1}{6}$ 時間 （分）　❷ $\frac{3}{10}$ 分 （秒）　❸ $\frac{5}{8}$ 日 （時間）

❹ 40分 （時間）　❺ 36秒 （分）　❻ 14時間 （日）

2 10km走るのに50分かかる自転車の時速は何kmですか。

式　　　　　　　　　　　　　　　　**答え** （　　　　　）

ゴルフやフットボールで,「ヤード」という長さの単位を使うことがあるよ。1ヤード＝およそ0.914mなんだって。「フィート」という単位もあって,「1フィート＝$\frac{1}{3}$ヤード」だよ。

例題2 速さと分数（道のり，時間を求める）

次の問題に答えましょう。

① 時速40kmで走るバスが，18分間に進む道のりは何kmですか。

② 時速4.5kmで進む人が，3kmの道のりを進むのにかかる時間は何分ですか。

とき方 ① 単位を時間にそろえると，18分＝$\frac{18}{60}$時間＝$\dfrac{\boxed{}}{\boxed{}}$時間

（道のり）＝（速さ）×（時間）だから，$40 \times \frac{3}{10} = \boxed{}$（km）

答え $\boxed{}$ km

さんこう

時速40kmを分速になおすと，$40 \div 60 = \frac{40}{60} = \frac{2}{3}$（km）　$\frac{2}{3} \times 18 = 12$（km）

② 小数は分数になおして計算します。（時間）＝（道のり）÷（速さ）だから，

$$3 \div 4.5 = 3 \div \frac{45}{10} = 3 \times \frac{2}{9} = \dfrac{\boxed{}}{\boxed{}}\text{（時間）} \rightarrow$$

$\dfrac{\boxed{}}{\boxed{}}$時間＝$\left(60 \times \dfrac{\boxed{}}{\boxed{}}\right)$分＝$\boxed{}$分　**答え** $\boxed{}$分

さんこう

時速4.5kmを分速になおすと，$4.5 \div 60 = \frac{45}{600} = \frac{3}{40}$（km）　$3 \div \frac{3}{40} = 40$（分）

3 時速80kmで走る電車が，54分間に進む道のりは何kmですか。

式

答え （　　　　　　　　）

4 時速18kmで走る自転車が，3.6kmの道のりを進むのにかかる時間は何分ですか。

式

答え （　　　　　　　　）

9 速さと分数

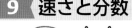 

★★★ **ハイ** レベル

> 速さの式をしっかりたててからまちがえずに分数の計算をしていこう。

1 次の時間を，（ ）の中の単位で表しましょう。

❶ $\dfrac{7}{15}$ 時間 （分）

❷ $2\dfrac{2}{3}$ 分 （秒）

❸ $1\dfrac{1}{6}$ 日 （時間）

❹ 42.5分 （時間）

❺ 32.4秒 （分）

❻ 39時間 （日）

2 36mの道のりを，$\dfrac{3}{5}$ 分で進む人の歩く速さは，秒速何mですか。
式

答え ( )

3 分速 $\dfrac{5}{6}$ kmで走るトラックが，36秒間に進む道のりは何mですか。
式

答え ( )

4 時速75kmで走る列車が，$\dfrac{5}{8}$ km進むのにかかる時間は何秒ですか。
式

答え ( )

5 $5\dfrac{5}{9}$ mの道のりを，2秒で走る自転車の速さは，時速何kmですか。
式

答え ( )

❻ 次の □ にあてはまる数を求めましょう。ただし，❶は整数で，❷は分数で答えましょう。

❶ $\frac{17}{8}$ 時間＝ ① 時間 ② 分 ③ 秒

　　　　　　① (　　　　　　　)　② (　　　　　　　)　③ (　　　　　　　)

❷ 2160秒＝ □ 時間

(　　　　　　　)

❼ 50秒間に30枚コピーできるコピー機は，3分35秒で何枚コピーできますか。

式

答え (　　　　　　　)

❽ 1時間に720Lの水を入れられるじゃ口を使って容積450Lの水そうに水を入れます。いっぱいにするのに何分何秒かかりますか。

式

答え (　　　　　　　)

☆☆☆ できたらスゴイ！

❾ 学校から駅までは，12秒間に180m進むバスで5分かかります。あとの問題に答えましょう。

❶ 学校から駅まで，同じ道を自動車で走ったら，4分30秒かかりました。自動車の速さは，分速何mですか。

式

答え (　　　　　　　)

❷ 学校から駅まで，同じ道を時速14.4kmの自転車で走ると，何分何秒かかりますか。

式

答え (　　　　　　　)

❗ヒント

❼ 1秒間に何枚コピーできるかの割合を分数で表そう。

❽ 毎時○L→毎分□Lになおして考えよう。

❾ まず，学校から駅までの道のりを求めよう。単位に注意すること！

10 速さのいろいろな問題

確かめ
よう

標準 レベル

出会い，追いつき，通過，川の流れなどの速さの問題だよ。

例題 1 反対方向に進む場合（出会い），同じ方向に進む場合（追いつき）

Aさんの歩く速さは分速70mでBさんの歩く速さは分速50mです。あとの問題に答えましょう。

① 1200mはなれたところにいるAさんとBさんが，向かい合って同時に歩き始めました。AさんとBさんが出会うのは何分後ですか。

② Bさんから100mはなれたところにいるAさんがBさんを追いかけます。同じ向きに同時に歩き始めてから，AさんがBさんに追いつくのは何分後ですか。

とき方 Aさんは1分間に70m，Bさんは1分間に50m進みます。

① 2人は1分間に70+50=□ (m)近

づきます。したがって，2人が出会うまで

にかかる時間は，1200÷□ ＝□ (分) **答え** □ 分後

Aさん 1200m Bさん
分速70m 分速50m

② 2人は1分間に70-50=□ (m)

近づきます。したがって，追いつくまでに

かかる時間は，100÷□ ＝□ (分) **答え** □ 分後

Aさん Bさん
100m
分速70m 分速50m

1 兄の歩く速さは分速80mで，弟の歩く速さは分速60mです。あとの問題に答えましょう。

❶ 1120mはなれたところにいる兄と弟が，向かい合って同時に歩き始めました。兄と弟が出会うのは何分後ですか。

式

答え (　　　　　　)

❷ 弟から120mはなれたところにいる兄が弟を追いかけます。同じ向きに同時に歩き始めてから，兄が弟に追いつくのは何分後ですか。

式

答え (　　　　　　)

重さを表す単位で「ポンド」という単位を使うことがあるよ。1ポンド＝およそ453.6gなんだって。「ヤード」と「ポンド」はあわせて使うことが多くて，「ヤード・ポンド法」というよ。

例題2　通過，川の流れと速さ

次の問題に答えましょう。

① 長さ240mの列車が秒速16mで走っています。この列車が長さ1360mの鉄橋をわたり始めてからわたり終わるまでに何秒かかりますか。

② 流れの速さが分速30mの川の上流にA地点，その2400m下流にB地点があります。流れのないところでの速さが分速130mの船で，A地点からB地点に下るときにかかる時間は何分ですか。

とき方　① 列車が鉄橋をわたり始めてから終わるまでに進む道のりは，鉄橋の長さと列車の長さをあわせた長さに等しいから，

1360＋240＝ □ （m）

かかる時間は，□ ÷16＝ □ （秒）　　**答え** □ 秒

② （下りの速さ）＝（船の速さ）＋（流れの速さ）だから，

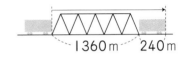
下りの速さ
分速130m 分速30m

このときの船の速さは，130＋30＝ □ （m）

かかる時間は，2400÷ □ ＝ □ （分）　　**答え** □ 分

---

2 次の問題に答えましょう。

❶ 上の **例題2** の①において，この列車が長さ1040mのトンネルを通過するとき，列車全体がトンネルの中に入っている時間は何秒ですか。

式

答え（　　　　　　　）

❷ 上の **例題2** の②において，この船で，B地点からA地点に上るときにかかる時間は何分ですか。

式

答え（　　　　　　　）

10 速さのいろいろな問題

答え▶16ページ

深めよう

ハイレベル

場面を思いうかべながら速さについての式をたてて計算してみよう。

❶ 姉と妹が1周810mの池のまわりを歩きます。歩く速さは姉が分速75m, 妹が分速60mです。あとの問題に答えましょう。

❶ 池の同じ場所から同時に出発して, 反対向きに池のまわりを歩くとき, 姉と妹がはじめて出会うのは何分後ですか。

式

答え (　　　　　　　　)

❷ 池の同じ場所から同時に出発して, 同じ向きに池のまわりを歩くとき, 姉が妹にはじめて追いつくのは何分後ですか。

式

答え (　　　　　　　　)

❷ 長さ192mの電車がふみきりで立っている人の前を通過するのに8秒かかりました。あとの問題に答えましょう。

❶ 電車の速さは, 秒速何mですか。

式

答え (　　　　　　　　)

❷ この電車が❶の速さで, あるトンネルを通過するとき, 電車全体がトンネルの中に入っている時間が48秒でした。このトンネルの長さは何mですか。

式

答え (　　　　　　　　)

❸ 流れの速さが時速2kmの川の下流にA地点, その12km上流にB地点があります。ある船で, A地点からB地点に上るときにかかる時間は1.5時間です。あとの問題に答えましょう。

❶ この船の, 流れのないところでの時速を求めましょう。

式

答え (　　　　　　　　)

❷ この船で, B地点からA地点に下ると, 何時間かかりますか。

式

答え (　　　　　　　　)

④ 弟が家を出て，分速60mの速さで歩いて駅に向かいました。その5分後に兄が家を出て，分速240mの速さの自転車で駅に向かいました。あとの問題に答えましょう。

❶ 兄が弟に追いつくのは，兄が家を出てから何分何秒後ですか。

式

答え（　　　　　　　）

❷ ❶のとき，家から何mのところで追いつきますか。

式

答え（　　　　　　　）

⑤ 長さが300mで，時速57.6kmの貨物列車があるトンネルを通過するとき，貨物列車全体がトンネルの中に入っている時間が38秒でした。あとの問題に答えましょう。

❶ トンネルの長さは，何mですか。

式

答え（　　　　　　　）

❷ この貨物列車が同じ速さで，長さ1140mの鉄橋を通過するとき，鉄橋をわたり始めてからわたり終わるまでに何秒かかりますか。

式

答え（　　　　　　　）

⑥ ある船で川を5時間上ると50km進み，同じ川を5時間下ると60km進みました。あとの問題に答えましょう。

❶ この船の流れのないところでの速さは，時速何kmですか。

式

答え（　　　　　　　）

❷ 川の流れの速さは，時速何kmですか。

式

答え（　　　　　　　）

！ヒント

④ まず，弟が5分間で進んだ道のりを計算してみよう。これを2人の速さの差で縮めていくと考えるといいよ！

⑤ 毎時○km→毎秒□mになおして考えよう。

⑥ まず，上りと下りの船の進む速さを求めよう。次に，流れのないところでの速さは，上りと下りの船の進む速さの平均になることを利用して求めよう。

11 割合と分数の計算

 確かめよう ・・・・・・・・・・・・・・ 標準 レベル ・・・・・・・・・・

> 分数をふくんだ割合の問題を解こう！百分率や歩合を分数で表してみよう。

例題1 割合，比べられる量

次の問題に答えましょう。

① $\dfrac{3}{4}$ L をもとにすると，$\dfrac{5}{8}$ L は何倍ですか。

② 赤の玉の重さは14kgで，青の玉の重さは赤の玉の重さの $\dfrac{4}{7}$ 倍です。青の玉の重さは何kgですか。

とき方 ① もとにする量は $\dfrac{3}{4}$ L で，比べられる量は $\dfrac{5}{8}$ L です。

（割合）＝（比べられる量）÷（もとにする量）だから，

$$\dfrac{5}{8} \div \dfrac{3}{4} = \dfrac{5}{8} \times \dfrac{4}{3} = \dfrac{5 \times \overset{1}{4}}{\underset{2}{8} \times 3} = \boxed{}\ \text{(倍)}$$

 答え $\boxed{}$ 倍

② もとにする量は赤の玉の重さで，比べられる量は青の玉の重さです。

（比べられる量）＝（もとにする量）×（割合）だから，

$$14 \times \dfrac{4}{7} = \dfrac{\overset{2}{14} \times 4}{1 \times \underset{1}{7}} = \boxed{}\ \text{(kg)}$$

 答え $\boxed{}$ kg

---

1 次の $\boxed{}$ にあてはまる数を求めましょう。

❶ 560円は240円の $\boxed{}$ 倍です。

（　　　　　　）

❷ $\dfrac{3}{5}$ L は $\dfrac{7}{10}$ L の $\boxed{}$ 倍です。

（　　　　　　）

❸ 42mの $\boxed{}$ 倍は63mです。

（　　　　　　）

❹ $\dfrac{5}{6}$ g の $\boxed{}$ 倍は $\dfrac{3}{8}$ g です。

（　　　　　　）

❺ $\boxed{}$ 円は750円の $\dfrac{7}{3}$ 倍です。

（　　　　　　）

❻ $\boxed{}$ cmは $\dfrac{4}{7}$ cm の $\dfrac{7}{12}$ 倍です。

（　　　　　　）

❼ 35dL の $\dfrac{9}{14}$ 倍は $\boxed{}$ dL です。

（　　　　　　）

❽ $\dfrac{8}{15}$ kg の $\dfrac{5}{16}$ 倍は $\boxed{}$ kg です。

（　　　　　　）

「マッハ」という速さを聞いたことがあるかな？「マッハ1」は音の伝わる速さと同じだよ。温度や気圧によってマッハの大きさが変わるけれど，一般的に「マッハ1＝秒速340m」ほどだよ。

例題2 もとにする量，百分率や歩合と分数

次の問題に答えましょう。

① けんじさんは，1400円のメロンを買いました。このメロンの値段はすいかの値段の $\frac{7}{4}$ 倍です。すいかの値段は何円ですか。

② 次の □ にあてはまる数を求めましょう。
　ア　8gの45%は □ gです。　　イ　□ mLの3割は4mLです。

とき方　① もとにする量はすいかの値段で，比べられる量はメロンの値段です。
　（もとにする量）＝（比べられる量）÷（割合）だから，

$$1400 \div \frac{7}{4} = \frac{1400}{1} \times \frac{4}{7} = \frac{\overset{200}{1400} \times 4}{1 \times \underset{1}{7}} = \boxed{} \text{（円）}$$ **答え** □ 円

② ア　45% → 0.45 ＝ $\frac{45}{100}$ ＝ $\frac{9}{20}$ で，8gの $\frac{9}{20}$ だから，

$$8 \times \frac{9}{20} = \frac{\overset{2}{8} \times 9}{1 \times \underset{5}{20}} = \boxed{} \text{（g）}$$

　イ　3割 → 0.3 ＝ $\dfrac{\boxed{}}{\boxed{}}$ だから，4 ÷ $\dfrac{\boxed{}}{\boxed{}}$ ＝ $\dfrac{4 \times 10}{1 \times 3}$ ＝ $\boxed{}$ （mL）

答え　ア… □ ，イ… □

---

2 次の □ にあてはまる数を求めましょう。

❶ 350円は □ 円の $\frac{7}{9}$ 倍です。　　❷ $\frac{4}{9}$ kmは □ kmの $\frac{2}{5}$ 倍です。

（　　　　　　　　）　　　　　　　　　　（　　　　　　　　）

❸ □ Lの $\frac{3}{4}$ 倍は27Lです。　　❹ □ kgは $\frac{12}{7}$ kgの25%です。

（　　　　　　　　）　　　　　　　　　　（　　　　　　　　）

❺ 72mmの6割は □ mmです。　　❻ □ mLの36%は $\frac{2}{15}$ mLです。

（　　　　　　　　）　　　　　　　　　　（　　　　　　　　）

11 割合と分数の計算

答え▶17ページ

深めよう ★★★ ハイ レベル

複雑な割合の計算だよ。比べられる量ともとにする量を考えながら取り組もう！

❶ $\frac{21}{5}$ kgは3.5kgの何倍ですか。

式

答え（　　　　　　）

❷ チャーハンの値段(ねだん)は500円です。ラーメンの値段はチャーハンの $\frac{13}{10}$ 倍です。ラーメンの値段は何円ですか。

式

答え（　　　　　　）

❸ まず，2L入る空のペットボトルに500mLと350mLの水を入れました。その後，何mLか水をたして，2Lのペットボトルをいっぱいにしました。はじめに入れた2つの水の量の和は，後から入れた水の量の何倍ですか。

式

答え（　　　　　　）

❹ はるかさんの身長は150cmで，弟の身長ははるかさんの身長の $\frac{4}{5}$ 倍です。また，はるかさんの身長はお父さんの身長の $\frac{6}{7}$ 倍です。あとの問題に答えましょう。

❶ 弟の身長は何cmですか。

式

答え（　　　　　　）

❷ お父さんの身長は何cmですか。

式

答え（　　　　　　）

❺ ある本の値段は1800円です。また，あるマンガの値段の6割(わり)の金額とこの本の24%の金額とが等しいそうです。マンガの値段は何円ですか。

式

答え（　　　　　　）

⑥ 6年生の女子が78人います。6年生全体に対して女子の人数は $\frac{13}{24}$ にあたります。6年生の男子は何人いますか。

式

答え（　　　　　　　）

⑦ 定価が3500円の商品があります。あまり売れないので定価の $\frac{5}{7}$ 倍の値段で売りました。定価で買うより何円得しますか。

式

答え（　　　　　　　）

◆◆◆ できたらスゴイ！

⑧ 家から本屋までの道のりは，家から交番までの道のりの $1\frac{2}{3}$ 倍で，家から花屋までの道のりは，家から交番までの道のりの $2\frac{3}{4}$ 倍です。家から花屋までの道のりが $3\frac{9}{10}$ km のとき，家から本屋までの道のりは何kmですか。

式

答え（　　　　　　　）

⑨ 牧場全体の面積の75%が牧草地ですが，牧草地の40%の面積の牧草は現在十分に育っていません。牛が食べられる牧草の生えている面積が 3600m^2 のとき，牧場全体の面積は何 m^2 ですか。

式

答え（　　　　　　　）

！ヒント

⑦ まず，売値を求めて，定価との差額を計算すればいいね。

⑧ 家から交番までの道のりを1として，家から交番までの道のりを求めよう。

⑨ 牧草の生えている面積は，牧草地の100%−40%＝60%にあたることになるよ！

答え▶18ページ

12 もとにする量や全体を1とみる

 確かめよう ……… 標準 レベル ………

全体を1とみて，増えた割合，残りの割合の問題や仕事についての問題を解こう。

例題1 もとにする量と割合（増えた割合，残りの割合）

次の問題に答えましょう。

① 赤のテープの長さは25cmで，青のテープは赤のテープよりその $\frac{3}{5}$ だけ長いそうです。青のテープの長さは何cmですか。

② 1800mLのジュースのうち $\frac{4}{9}$ を飲みました。残りのジュースは何mLですか。

とき方 ① 赤のテープの長さを1とすると，青のテープの長さは，$1+\frac{3}{5}=\frac{8}{5}$ だから，青のテープの長さは，$25×\frac{8}{5}=\boxed{}$ （cm）

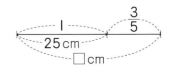

答え $\boxed{}$ cm

② もとのジュースの量を1とすると，残りのジュースの量は，$1-\frac{4}{9}=\dfrac{\boxed{}}{\boxed{}}$ だから，

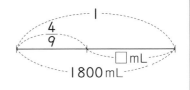

$1800×\dfrac{\boxed{}}{\boxed{}}=\boxed{}$ （mL）

答え $\boxed{}$ mL

---

1 ある卓球クラブの女子の人数は38人で，男子の人数は女子の人数よりその $\frac{7}{19}$ だけ多いそうです。この卓球クラブの男子の人数は何人ですか。

式

答え（ 　　　　　 ）

2 持っているおこづかいのうち $\frac{4}{15}$ を使ったところ，1980円残りました。はじめに持っていたおこづかいは何円ですか。

式

答え（ 　　　　　 ）

部屋の大きさを表すときに「畳」の字を使うことがあるね。訓読みすると，「たたみ」。畳1つ分の大きさという意味だね。地域によって大きさは変わるけれど，1畳＝1.62m²が目安なんだって。

例題2 全体を1とする問題（仕事）

次の問題に答えましょう。

① あるかべをペンキでぬるのにAは60分，Bは40分かかりました。A，Bの2人でぬると何分でかべをぬれますか。

② ある仕事をAだけですると16日かかり，Bだけですると12日かかります。この仕事をはじめAが4日やり，残りをBがやりました。Bが仕事をしたのは何日間ですか。

とき方　① ぬるかべの面積を1とすると，AとBが1分間にぬれる面積は，

A…$\dfrac{1}{60}$，B…$\dfrac{1}{40}$　　A，Bの2人でぬると1分では，

$\dfrac{1}{60} + \dfrac{1}{40} = \dfrac{2+3}{120} = \dfrac{\boxed{}}{\boxed{}}$　　これより，2人でぬるのにかかる時間は，

$1 \div \dfrac{\boxed{}}{\boxed{}} = \boxed{}$（分）　　**答え** $\boxed{}$ 分

② 仕事全体の量を1とすると，A，Bが1日にする仕事の量は，

A…$\dfrac{1}{16}$，B…$\dfrac{1}{12}$　　Aが4日間にした仕事の量は，$\dfrac{1}{16} \times 4 = \dfrac{\boxed{}}{\boxed{}}$

だから，残りの仕事の量は，$1 - \dfrac{\boxed{}}{\boxed{}} = \dfrac{\boxed{}}{\boxed{}}$　　Bが仕事をした日

数は，$\dfrac{\boxed{}}{\boxed{}} \div \dfrac{1}{12} = \boxed{}$（日）　　**答え** $\boxed{}$ 日間

3 部屋のかたづけをするのに，Aだけですると30分かかり，Bだけですると20分かかります。2人でいっしょにかたづけをすると，何分かかりますか。

式　　　　　　　　　　　　　　　　**答え**（　　　　　　　　　）

4 家から駅まで行くのに，歩くと12分，走ると6分かかります。はじめ4分歩いたあと何分走ると駅につきますか。

式　　　　　　　　　　　　　　　　**答え**（　　　　　　　　　）

答え ▶ 18ページ

12 もとにする量や全体を1とみる

深めよう

★★★ ハイ レベル

増えた割合, 残りの割合, 仕事の問題を深めよう。

❶ ある品物に, 仕入れ値の $\frac{1}{3}$ の利益を見こんで定価をつけると, 1000円になりました。あとの問題に答えましょう。

❶ この品物の仕入れ値はいくらですか。

式

答え (　　　　　　　　)

❷ あまり売れないので, この品物を定価の2割引きで売ることにしました。このとき, 利益はいくらですか。

式

答え (　　　　　　　　)

❷ あるかべぬりをAだけですると45日かかり, Bだけですると30日かかります。あとの問題に答えましょう。

❶ このかべぬりをA, Bの2人でいっしょにすると, 何日かかりますか。

式

答え (　　　　　　　　)

❷ このかべぬりをA, Cの2人でいっしょにすると, 30日かかりました。Cだけですると, 何日かかりますか。

式

答え (　　　　　　　　)

❸ このかべぬりを, はじめはAだけで30日したあとに, 残りをBだけですると, 何日かかりますか。

式

答え (　　　　　　　　)

❹ ❷のとき, このかべぬりを, はじめはAだけで15日したあとに, 残りをB, Cの2人でいっしょにすると, 何日かかりますか。

式

答え (　　　　　　　　)

▼▼▼✦✦✦ できたらスゴイ！

❸ たろうさんがねている時間は起きている時間の0.44倍です。また，起きている時間の $\frac{2}{5}$ は学校にいます。学校にいる時間は何時間何分ですか。

式

答え（　　　　　　）

❹ さとうが何kgかあります。としこさんはその $\frac{1}{5}$ を使い，ひろこさんが残りの $\frac{1}{8}$ を使うと，残りは3.5kgでした。元々さとうは何kgありましたか。

式

答え（　　　　　　）

❺ ある仕事をAだけですると30日かかり，Bだけですると20日かかり，Cだけですると12日かかります。あとの問題に答えましょう。

❶ この仕事を3人でいっしょにすると，何日かかりますか。

式

答え（　　　　　　）

❷ はじめにAだけで10日，次にBだけで10日したあとに，Cだけですると何日かかりますか。

式

答え（　　　　　　）

❸ はじめにAとBだけで4日したあとに，BとCだけですると何日かかりますか。

式

答え（　　　　　　）

❗ヒント

❸ 起きている時間を1とするので，1日は1＋0.44＝1.44にあたることになるよ！

❹ 全体の $\left(1-\frac{1}{5}\right)$ のさらに $\left(1-\frac{1}{8}\right)$ の部分が，3.5kgにあたるね。

❺ ある仕事を1とし，1日分のA，B，Cそれぞれの仕事の割合を分数で表そう。

思考力育成問題

答え ▶ 20ページ

お金の計算はなじみがないと思うけれど，がんばってついてきてね！

🔍 銀行に預けたお金の増え方を考えよう！

⭐ 次の先生とれんさんとかなさんの会話文を読んで，あとの問題に答えましょう。

先生：銀行にお金を預けると，そのお金がどんどん増えていくのは知っているかな？

かなさん：たしか，利子というものがつくと聞いたことがあります。

先生：よく知っているね。利子の増え方には2つの種類があるよ。単利と，それから複利だよ。

れんさん：単利と複利にはどういうちがいがあるのですか？

先生：例えば，1年間につく利子が5%で，ずっと変わらないとしよう。単利で利子がつく場合，初めに預けた金額の5%が，毎年つくよ。このとき，10000円を預けるとどうなるかな？

かなさん：1年ごとに5%で増えていくから，預けた金額は1年ごとに

　　①　　円ずつ増えていくと思います。

先生：その通り。では，複利で，1年間の利子が5%だった場合はどうだろう？複利とは利子がついた金額全体に対して，さらに利子をつけていく方法なんだ。10000円預けたとき，1年目に増える金額は，単利と同じ

　　①　　円だよ。

れんさん：2年目から，単利の計算方法と利子が変わっていきそうですね。
1年目の金額の5%を考えると，そこから2年目に増える金額は
［　　②　　］円でしょうか。

かなさん：長い期間，銀行にお金を預けるとき，単利よりも複利のほうが，金額が
［　　③　　］と思います。

先生：2人とも，よくできました！④単利や複利の知識は，銀行にお金を預ける
ときだけでなく，銀行からお金を借りるときにも必要になってくるんだ。
難しいけれど，覚えておこうね。

❶ ①にあてはまる数を答えましょう。

（　　　　　　　　　）

❷ ②にあてはまる数を答えましょう。

（　　　　　　　　　）

❸ ③には，「大きくなる」または「小さくなる」のいずれかが入ります。どちらが入るでしょうか。

（　　　　　　　　　）

❹ ④について，10%の複利で銀行から10万円を借りることを考えます。返さなければいけない金額が，毎年1回，複利によって増えていくものとします。3年後にまとめて返すとき，返さなければいけない金額はいくらになるか，答えましょう。ただし，利子は3年後まで変わらないものとします。

（　　　　　　　　　）

！ヒント

❶ 10000円の5%増しがいくらかを考えよう。
❷ 2年後はどの金額の5%増しになるかを考えよう。
❹ お金を借りるときも，お金を預けるときと同じように考えるよ。❷と同じ計算を3年後になるまで続けてみよう。

13 比の表し方

答え ▶ 20ページ

確かめよう ✦ ✦ ✦  標準レベル ✦ ✦ ✦

> 比の表し方や、等しい比とは何か、比を簡単にする方法などがわかるようになろう。

例題1 比の表し方、等しい比

次の問題に答えましょう。

① 赤のリボンは定規5本分の長さ、青のリボンは定規8本分の長さです。赤のリボンと青のリボンの長さの割合（わりあい）を比で表しましょう。

② 次の比の中で、8:12と等しい比をすべて答えましょう。

   24:36　　　16:30　　　4:6　　　20:42

とき方　① 赤のリボンの長さを5とすると、青のリボンの長さは8と表すことができます。

だから、長さの割合を比で表すと、☐ : ☐

答え ☐ : ☐

② 8:12の、8と12に同じ数をかけたり、同じ数でわったりしてできる比を調べます。

24:36 → 24＝8×☐ , 36＝12×☐ より、8:12と等しい比です。

16:30 → 16＝8×2, 30＝12×2.5より、8:12と等しくない比です。

4:6 → 4＝8÷☐ , 6＝12÷☐ より、8:12と等しい比です。

20:42 → 20＝8×2.5, 42＝12×3.5より、8:12と等しくない比です。

答え ☐ : ☐ , ☐ : ☐

---

1 縦（たて）7cm、横5cm、高さ8cmの直方体があります。あとの問題に答えましょう。

❶ 縦と横の長さの割合を比で表しましょう。

(　　　　　　　)

❷ 横と高さの長さの割合を比で表しましょう。

(　　　　　　　)

2 次の比の中で、10:16と等しい比をすべて選び、番号で答えましょう。

　① 15:24　　② 30:40　　③ 20:24　　④ 5:8　　⑤ 2:4

(　　　　　　　)

東京スカイツリーの高さは634mだね。地上から第2展望台までの高さは
およそ450mで，2つの比は，およそ1：1.41になっているよ。白銀比と
いわれて，建築物でよく使われる比だよ。

例題2 比を簡単にする方法

次の比を簡単にしましょう。

① 20：36　　　　　② 3.5：1.4　　　　　③ $\dfrac{10}{9}$：$\dfrac{5}{6}$

とき方　等しい比の関係を利用します。

① 20と36の最大公約数は4だから，20と36を4でわって，比を簡単にしま
す。20：36＝(20÷4)：(36÷4)＝ ☐ ： ☐

答え ☐ ： ☐

② 小数の比は，両方の数に10，100，…をかけて，まず，整数の比にします。
3.5：1.4＝(3.5×10)：(1.4×10)＝35：14　　35と14の最大公約数は
7だから，35：14＝(35÷7)：(14÷7)＝ ☐ ： ☐

答え ☐ ： ☐

③ 分数の比は，両方の数に分母の最小公倍数をかけて，まず，整数の比にします。9と6の最小公倍数は18だから，

$\dfrac{10}{9}$：$\dfrac{5}{6}$＝$\left(\dfrac{10}{9}×18\right)$：$\left(\dfrac{5}{6}×18\right)$＝20：15　　20と15の最大公約数
は5だから，20：15＝(20÷5)：(15÷5)＝ ☐ ： ☐

答え ☐ ： ☐

3 次の比と等しい比を3つ答えましょう。

❶ 3：7　　　　　　　　　　　❷ 84：96

　（　　　　　　　　　　　）　　（　　　　　　　　　　　　　）

4 次の比を簡単にしましょう。

❶ 42：30　　　　❷ 128：160　　　　❸ 3.6：2.7

❹ 0.24：1.08　　　❺ $\dfrac{7}{12}$：$\dfrac{3}{8}$　　　❻ $\dfrac{5}{6}$：$\dfrac{15}{16}$

答え ▶ 21ページ

13 比の表し方

深めよう

ハイレベル

比を簡単にする計算や，比を使った文章題などの解き方を練習しよう。

❶ 赤のふくろの重さは $\frac{4}{5}$ kg，青のふくろの重さは $\frac{3}{7}$ kg，白のふくろの重さは $\frac{2}{3}$ kg です。次の割合を簡単な整数の比で表しましょう。

❶ 赤のふくろと白のふくろの重さの割合

(   )

❷ 青のふくろと赤のふくろの重さの割合

(   )

❷ 次の2つの比が等しいときは○，等しくないときは×を書きましょう。

❶ 4：9と16：36

(   )

❷ 6：8と30：48

(   )

❸ $\frac{3}{5}$：$\frac{2}{7}$ と $\frac{7}{10}$：$\frac{1}{3}$

(   )

❹ $\frac{1}{3}$：$\frac{3}{7}$ と 0.42：0.54

(   )

❸ 次の比と等しい簡単な整数の比を3つ答えましょう。

❶ $\frac{2}{3}$：$\frac{3}{4}$

(   )

❷ 1.5：2.5

(   )

❹ 次の比を簡単にしましょう。

❶ $1\frac{5}{9}$：$\frac{7}{8}$

❷ $\frac{17}{18}$：$2\frac{5}{6}$

❸ $3\frac{3}{7}$：$2\frac{2}{5}$

❹ 2.25：$\frac{18}{19}$

❺ $1\frac{1}{11}$：0.375

❻ $4\frac{3}{20}$：4.98

5 次の比を簡単にしましょう。

❶ 5kg：4500g

❷ 3時間：25分

❸ $\frac{4}{5}$ cm：4.8mm

❹ 0.072L：$2\frac{1}{4}$ dL

❺ 2時間45分：$\frac{5}{6}$ 時間

❻ 1.25m^2：2250cm^2

★★★ できたらスゴイ！

6 次の割合を，簡単な整数の比で表しましょう。

❶ 10円切手8枚と15円切手5枚の金額の割合

（　　　　　　　　）

❷ 白のご石の2.5倍の数の黒のご石があります。白と黒のご石の数の割合

（　　　　　　　　）

❸ アイスクリームの35％を食べたとき，たべた量と残っている量の割合

（　　　　　　　　）

7 Aさんは3500円，Bさんは2800円持っています。Aさんが1400円，Bさんが1000円出して，おみやげを買いました。次の割合を，簡単な整数の比で表しましょう。

❶ AさんとBさんの残金の比

（　　　　　　　　）

❷ AさんとBさんの残金の合計とおみやげの代金の比

（　　　　　　　　）

！ヒント

5 比を簡単にするとき，単位をのぞいて答えよう。小さいほうの単位にそろえると計算しやすくなるよ！

6 ❶ (10×8)：(15×5)となりますね。これを簡単整数の比にするよ。

7 数字が大きいので最大公約数を求める計算をていねいにしよう！

答え▶22ページ

14 比をふくむ式，比の値

比をふくむ式の計算の
しかたや，比の値，比
の一方の数量の求め方
などを学習しよう。

 確かめよう ・・・・・・・・ ✦ ・・・ ✦ ✦ 標準 レベル ・・・・・・・

例題1 | 比をふくむ式，比の値

次の問題に答えましょう。

① 4：5＝20：xの式で，xにあてはまる数を求めましょう。

② 12：16の比の値を求めましょう。

とき方 ① □：○＝(□×△)：(○×△)の関係を使います。

$$4：5＝20：x より，x＝5×\boxed{}＝\boxed{} \quad \boxed{答え}\quad \boxed{}$$

×5　×5

📖**さんこう**

a：b＝c：dのとき，a×d＝b×cが成り立つことが知られています。これにあてはめて，
4：5＝20：x → 4×x＝5×20，4×x＝100，x＝100÷4＝25と求められます。

② a：bの比の値は，$\dfrac{a}{b}$ となります。$\left(a：b → a÷b＝\dfrac{a}{b}\right)$

12：16の比の値は，$12÷16＝\dfrac{12}{16}＝\dfrac{\boxed{}}{\boxed{}}$（約分しましょう。）

 答え

---

1 次の式で，xにあてはまる数を求めましょう。

❶ 8：7＝32：x　　　❷ 3：10＝x：60　　　❸ 6：x＝54：45

❹ x：9＝49：63　　　❺ 12：17＝72：x　　　❻ 23：35＝x：105

2 次の比の値を求めましょう。

❶ 2：9　　　❷ 3：11　　　❸ 12：4

❹ 6：15　　　❺ 30：5　　　❻ 9：42

「千里の道も一歩から」ということばがあるね。遠いところに行くためには地道な努力が必要である，という意味だね。1里＝およそ4kmだよ。千里の道はとても遠いね！

例題2　比の一方の数量の求め方

コーヒー牛乳を作るのに，コーヒーと牛乳を量の比が5：8になるように混ぜます。牛乳を160mL使うとき，コーヒーは何mL必要ですか。

とき方　コーヒーの量をxmLとすると，牛乳の量は160mLだから，コーヒーと牛乳の量の比は，x：160と表すことができます。これより，

$5：8＝x：160$ となり，$5：8＝x：160$ より，$x＝5×$ □ ＝ □

（×20）

答え □ mL

📖さんこう

（例題1のさんこうと同じようにして解く）
$5：8＝x：160 \rightarrow 5×160＝8×x$，$8×x＝800$，$x＝800÷8＝100$と求められます。
または，コーヒーと牛乳の量の比の値は$\frac{5}{8}$だから，コーヒーの量は牛乳の量の$\frac{5}{8}$倍です。
だから，コーヒーの量は，$160×\frac{5}{8}＝100$(mL)と求められます。

---

3 兄と弟が持っているおこづかいの金額の比は7：3です。兄が3500円持っているとき，あとの問題に答えましょう。

❶ 弟が持っているおこづかいの金額をx円として，比の式をつくりましょう。

（　　　　　　　）

❷ 弟が持っているおこづかいの金額を求めましょう。

（　　　　　　　）

4 赤と黒のおもりがあり，重さの比は2：9です。黒のおもりの重さが108kgのとき，赤のおもりの重さを求めましょう。

式

答え（　　　　　　　）

答え ▶ 22ページ

14 比をふくむ式，比の値

深めよう  ハイ レベル

すこし複雑な x を使った比の計算や，比の値，比を利用した文章題などを解こう。

❶ 次の式で，x にあてはまる数を求めましょう。

❶ $24 : x = 27 : 45$

❷ $x : 42 = 65 : 91$

❸ $63 : 72 = 49 : x$

❹ $108 : 144 = x : 92$

❷ 次の比の値を求めましょう。

❶ $132 : 154$

❷ $112 : 144$

❸ $225 : 275$

❹ $468 : 252$

❸ 縦と横の長さの比が $4 : 7$ の長方形があります。あとの問題に答えましょう。

❶ 縦の長さが12cmのとき，横の長さは何cmですか。

(　　　　　　　)

❷ 横の長さが28cmのとき，縦の長さは何cmですか。

(　　　　　　　)

❹ 次の式で，x にあてはまる数を求めましょう。

❶ $1.2 : 1.68 = x : 56$

❷ $15 : x = 2.25 : 4.05$

❸ $x : 22 = 1\frac{1}{12} : 2\frac{1}{6}$

❹ $\frac{1}{12} : \frac{5}{14} = \frac{7}{10} : x$

5 次の比の値を求めましょう。

❶ 1.26：1.62

❷ 3.44：4.73

❸ $\frac{5}{8}$：$\frac{4}{7}$

❹ $2\frac{4}{7}$：$3\frac{3}{5}$

★★★ できたらスゴイ！

6 サッカークラブの女子の人数は36人で，女子の人数とクラブ全体の人数の比は9：20です。このサッカークラブの男子の人数は何人ですか。

式

答え（　　　　　　　　　）

7 まさこさんとお母さんの体重の比は5：8で，お母さんの体重は56kgです。まさこさんの体重はお母さんの体重より何kg少ないですか。

式

答え（　　　　　　　　　）

8 15円切手が18枚と25円切手が何枚かあります。15円切手と25円切手の金額の比は9：25です。25円切手の枚数は何枚ですか。

式

答え（　　　　　　　　　）

9 2つの正方形があり，辺の長さの比は3：4です。大きいほうの正方形の面積が64cm^{2}のとき，小さいほうの正方形の面積を求めましょう。

式

答え（　　　　　　　　　）

！ヒント

6 （男子の人数）＝（全体の人数）－（女子の人数）であることを使おう。

8 まず，15円切手と25円切手の金額の比から，25円切手の金額を求めるよ。

9 大きいほうの正方形の面積は，64＝8×8と表せるので，これより1辺の長さがわかるね。

答え▶23ページ

15 比の問題

確かめよう・・・・・・・・・◆◆✦ **標準** レベル ・・・・・・・・・・・

比を用いたいろいろな
文章題が登場するよ。
解き方をしっかり学習
しよう。

例題1 全体をa：bに分ける問題

180個あるクリップをAさんとBさんで，個数の比が8：7になるように分ける
とき，あとの問題に答えましょう。

① Aさんと全体の個数の比を求めましょう。

② Aさんの分の個数は何個になりますか。

とき方　① Aさんの個数を8とすると，Bさんの個数は7となるから，全体の個
数は，8＋7＝15

だから，Aさんと全体の個数の比は，⬚：⬚

 答え ⬚：⬚

② Aさんの個数をx個とすると，8：15＝x：180

$$8：15＝x：180 \text{より，} x＝8×⬚＝⬚$$ 答え ⬚個

（×12）

📖さんこう

比の値を考えると，Aさんの分の割合は全体の$\dfrac{8}{8+7}$だから，$180×\dfrac{8}{8+7}＝96$（個）

---

1 チョコレート45個を姉と妹で5：4になるように分けると，姉の分は何個になる
でしょうか。

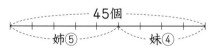

式

答え（　　　　　　　　）

2 あるクラスの人数は39人で，男子と女子の人数の比は7：6です。このとき，男
子の人数は何人ですか。

式

答え（　　　　　　　　）

テレビなど，長方形の画面の縦と横の比のことを「アスペクト比」というよ。家庭にあるテレビの多くは，アスペクト比が「4：3」のものと「16：9」のいずれかになっているよ。

例題2　いろいろな比の問題

赤と青の色紙があわせて240枚あります。赤の枚数は青の枚数の4倍になります。あとの問題に答えましょう。

① 赤の枚数と青の枚数の比を求めましょう。

② 赤の枚数と青の枚数はそれぞれ何枚になりますか。

とき方　① 赤の枚数は青の枚数の4倍なので，赤の枚数と

青の枚数の比は，□ ： □　　　**答え** □ ： □

② 赤の枚数を4とすると，青の枚数は1となるから，全体の枚数は，

4＋1＝5となります。赤の枚数と全体の枚数の比は，□ ： □

赤の枚数をx枚とすると，$4：5＝x：240$

$4：5＝x：240$ より，

$x＝4×$ □ ＝ □

青の枚数は，$240－$ □ ＝ □

さんこう

(赤の枚数)＝$240×\dfrac{4}{4＋1}＝192$(枚)

(青の枚数)＝$240×\dfrac{1}{4＋1}＝48$(枚)

答え　赤… □ 枚，青… □ 枚

---

3 AさんとBさんの持っている金額はあわせて6000円です。AさんはBさんの7倍の金額を持っています。あとの問題に答えましょう。

❶ AさんとBさんの持っている金額の比を求めましょう。

（　　　　　　　　　）

❷ AさんとBさんの持っている金額をそれぞれ求めましょう。

Aさん（　　　　　　　）　Bさん（　　　　　　　）

4 白と黒のご石が360個あり，白のご石の個数は黒のご石の個数の5倍です。黒のご石の個数を求めましょう。

式

答え（　　　　　　　　　）

15 比の問題

答え ▶ 24ページ

いろいろな比を利用した考え方を使う問題が解けるようになろう。

★★★ ハイ レベル

深めよう

❶ 9tの荷物を2台のトラックに重さが4：11になるように積みます。何tと何tに分ければよいですか。

式

答え（　　　　　　　　）

❷ 黄色の絵の具と青色の絵の具を混ぜて，黄緑色の絵の具を10gつくります。黄色の絵の具は青色の絵の具の3倍必要です。黄色と青色の絵の具を何gと何g混ぜればよいですか。

式

答え　黄色（　　　　　　　）　青色（　　　　　　　）

❸ 赤の玉の個数と青の玉の個数の比は2：3で，青の玉の個数と白の玉の個数の比は4：5です。赤の玉の個数と青の玉の個数と白の玉の個数の比を求めるために，次の手順で求めましょう。

❶ 2：3と4：5の「3」と「4」は，いずれも青の玉の個数の部分です。3と4の最小公倍数を求めましょう。

（　　　　　　　）

❷ 2つの比2：3と4：5をそれぞれ何倍かして，青の玉の個数を❶の最小公倍数にします。このとき，赤の玉の個数と青の玉の個数の比と，青の玉の個数と白の玉の個数の比は，それぞれどのように表されるでしょうか。

赤：青（　　　　　　　）　青：白（　　　　　　　）

❸ ❷を使って，赤の玉，青の玉，白の玉の個数の比を○：□：△の形で表しましょう。

（　　　　　　　）

❹ 赤の玉が24個のときの白の玉の個数を求めましょう。

（　　　　　　　）

4 次の比を，最も簡単な整数の比で表しましょう。

❶ AとBの比が3：7，BとCの比が7：4であるときのA：B：C

（　　　　　　　　　　）

❷ AとBの比が3：5，BとCの比が4：1であるときのA：B：C

（　　　　　　　　　　）

❸ A：B＝4：3，B：C＝$\frac{2}{7}$：$\frac{1}{3}$であるときのA：C

（　　　　　　　　　　）

❹ A：B＝0.6：2，A：C＝2：5であるときのA：B：C

（　　　　　　　　　　）

✦✦✦ できたらスゴイ！

5 まわりの長さが54cmの長方形があります。縦と横の長さの比が4：5のとき，この長方形の面積を求めましょう。

式

答え（　　　　　　　）

6 A組とB組の人数の比は9：7で，人数の差は6人です。このとき，B組は何人ですか。

式

答え（　　　　　　　）

7 A，B，Cはおかしの個数を表していて，A：B＝2：5，B：C＝4：3です。全部で301個のとき，A，B，Cの個数をそれぞれ求めましょう。

式

答え　A（　　　　　）　B（　　　　　）　C（　　　　　）

!ヒント

5 縦と横の長さの和は，54÷2＝27(cm)になることから考えよう。

6 A組の人数を9，B組の人数を7と表すと，人数の差は9−7＝2になるね！

7 まず，A：B：Cを求めてから，次に，それぞれの個数を求めよう。

思考力育成問題

答え ▶ 25ページ

美術や建物のデザインに関係する算数の問題を解いてみよう！

🔍 黄金比をもつ長方形について考えてみよう！

黄金比ということばを聞いたことがあるでしょうか？

黄金比は，およそ「1：1.6」で表すことができます。建物や美術品の縦と横の長さの比で用いられることが多く，人間が最も美しいと感じる比といわれています。

黄金比を辺の長さにもつ長方形ABCDを，次のように作図することができます。

手順①：正方形をかき，下の図のように頂点Pと点Oをとります。赤い点線は正方形を左右半分に分ける線です。

手順②：点Oを中心として，半径OPのおうぎ形をかきます。

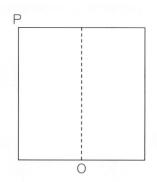

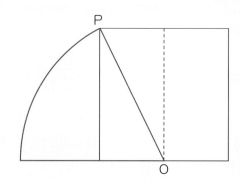

手順③：正方形の下の辺を左へのばして，手順②でかいたおうぎ形とぶつかるところを頂点にもつ長方形をかきます。点C，Dは，正方形の2つの頂点です。

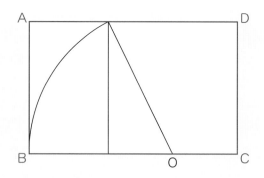

この長方形ABCDをもとに，あとの問題に答えましょう。

❶ 手順③でかいた長方形ABCDは，横に長い長方形です。辺ABの長さをはかったところ，21cmでした。この長方形ABCDの縦と横の比が黄金比（1：1.6）をもつとしたとき，辺ADの長さはおよそ何cmになるでしょうか。小数第一位を四捨五入して，整数で答えましょう。

（　　　　　　　　）

❷ ❶で求めたADのおよその長さをもとにして，おうぎ形の半径OPの長さがおよそ何cmになるか求めましょう。四捨五入はしないものとします。

（　　　　　　　　）

右の図は，長方形ABCDから，右側の正方形をのぞいてできた長方形です。この長方形を㋐とします。
黄金比を持つ長方形が美しいといわれる理由は，こうした長方形の中に，黄金比に近い長方形をいくつもえがくことができるからといわれています。

右のように，長方形㋐の中に正方形をしきつめていきます。1辺の長さが1cmの正方形を2個，1辺の長さが2cm，3cm，5cm，8cm，13cmの正方形を1個ずつしきつめたとき，長方形㋐の中にすきまなくしきつめることができました。

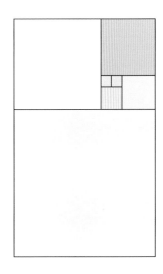

❸ 長方形㋐の中に，しきつめた正方形をあわせて長方形を何個かつくることができます。そのうち，長い辺の長さを短い辺の長さでわって小数第一位まで求めたとき，値が1.6になるものはいくつあるでしょうか。

（　　　　　　　　）

!ヒント
❶ 小数がふくまれる比も，整数の場合と同じように計算するよ。
❷ OPの長さがどこの長さと同じになるか考えよう。
❸ まず，正方形を使って長方形が何個できるかを考えよう。

16 拡大図と縮図

拡大図と縮図の間の辺の長さや角の大きさの関係やかきかたについて学習しよう！

確かめよう  ＋ ✦ ✦  標準 レベル

例題1 拡大図と縮図

右の図の三角形DEFは，三角形ABCの拡大図です。あとの問題に答えましょう。

① 辺DFの長さは何cmですか。

② 角Fの大きさは何度ですか。

③ 三角形DEFは三角形ABCの何倍の拡大図ですか。

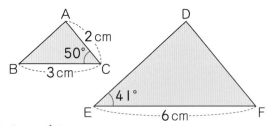

とき方 点Aと点D，点Bと点E，点Cと点Fがそれぞれ対応します。これより，辺BCと辺EFが対応していて，長さの比は3：6＝1：2になります。

① 辺DFに対応するのは辺 [ ] で，長さの比が1：2より，辺DFの長さは辺 [ ] の長さの2倍になるので，

2×2＝ [ ] （cm）　　　答え [ ] cm

② 角Fに対応するのは角 [ ] なので，角Fの大きさは， [ ] °

答え [ ] °

③ 長さの比が1：2より，三角形DEFは三角形ABCの [ ] 倍の拡大図になります。

答え [ ] 倍

---

1 右の図で，三角形①は三角形⑦の拡大図です。あとの問題に答えなさい。

❶ 辺ACに対応する辺はどれですか。

（　　　　　　　）

❷ 角Eと大きさの等しい角はどれですか。

（　　　　　　　）

❸ ①は⑦の何倍の拡大図ですか。

（　　　　　　　）

長さも角度も同じ図形を「合同」というけれど，一方を拡大，縮小した２つの図形を「相似（そうじ）」とよぶよ。中学でくわしく学習するよ！

例題2　拡大図，縮図のかきかた

右の図の三角形ABCの２倍の拡大図になる三角形DEFをかきましょう。ただし，辺ABは２cm，辺BCは３cm，辺ACは2.5cmであることを利用しましょう。

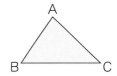

とき方　次の手順でかきましょう。

① 辺BCの２倍の長さ [　　　] cmになる

　辺EFをかきます。

② 点Eを中心とする半径 [　　　] cmの

　円と点Fを中心とする半径 [　　　] cmの円をかきます。

③ ②の２つの円の交わる点をDとし，点EとD，点FとDをそれぞれ結びます。

答え　上の図

さんこう

上のかきかた以外の方法は次の２つがあります。
①２つの辺の長さとその間の角の大きさを使う。
②１つの辺の長さとその両はしの角の大きさを使う。
また，もとの図形の１つの点を中心にかく方法もあります。（下の **2** 参照）

2 右の図のような三角形ABCがあります。辺BA，BCをのばした直線上で，それぞれの２倍の長さのところに点D，Eをとって結ぶと，三角形DBEは三角形ABCの２倍の拡大図になります。

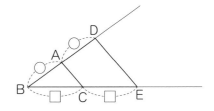

❶ 右の図に三角形ABCの３倍の拡大図をかきましょう。

❷ 右の図に三角形ABCの $\frac{1}{2}$ の縮図（しゅくず）をかきましょう。

16 拡大図と縮図

答え▶26ページ

複雑な図形の拡大図や縮図の問題を解いていこう。

深めよう ★★★ ハイ レベル

1 右の図で，四角形EFGHは四角形ABCDの拡大図です。あとの問題に答えましょう。

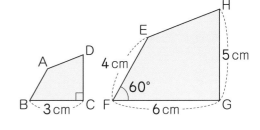

❶ 辺BCに対応する辺はどれですか。

（　　　　　　　　）

❷ 四角形EFGHは四角形ABCDの何倍の拡大図ですか。また，四角形ABCDは四角形EFGHの何分の一の縮図ですか。

拡大図（　　　　　　　） 縮図（　　　　　　　）

❸ 辺AB，CDの長さは何cmですか。

AB（　　　　　　　） CD（　　　　　　　）

❹ 角B，Gの大きさは何度ですか。

B（　　　　　　　） G（　　　　　　　）

2 次の図で，❶は2倍の拡大図，❷は $\frac{1}{2}$ の縮図をかきましょう。

❶
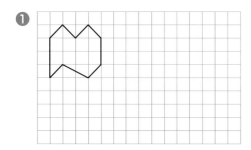

❷
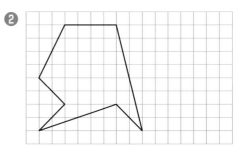

3 右の図のような四角形ABCDがあります。辺BA，BC，対角線BDをのばした直線上に点をとって四角形ABCDの2倍の拡大図と $\frac{1}{2}$ の縮図をかきましょう。

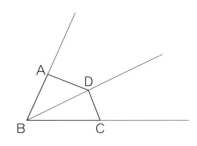

━━━━━━━━ ✦✦✦ **できたらスゴイ！** ━━━━━━━━

④ 右の図について，あとの
　問題に答えましょう。

　❶ ㋐の２倍の拡大図はど
　　れですか。

　　　（　　　　　　　）

　❷ ㋐の３倍の拡大図はど
　　れですか。

　　　（　　　　　　　）

　❸ ㋒の $\frac{1}{2}$ の縮図はどれで

　　すか。

　　　（　　　　　　　）

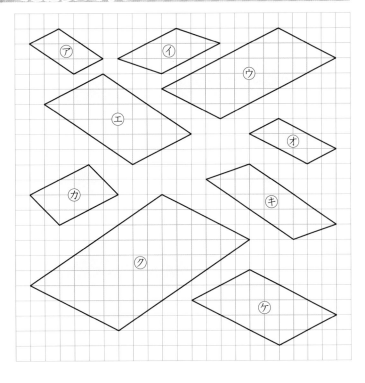

⑤ 次の問題に答えましょう。

　❶ １辺が２cmの正方形は，１辺が８cmの正方形の縮図であるといえますか。

　　　　　　　　　　　　　　　　　　　　　　　　（　　　　　　　　　　）

　❷ あるひし形の４倍の拡大図をかくと，まわりの長さはもとのひし形の何倍にな
　　りますか。

　　　　　　　　　　　　　　　　　　　　　　　　（　　　　　　　　　　）

⑥ 右の図で示した三角形の拡大図をかいたところ，まわり
　の長さは76cmになりました。３辺の長さはそれぞれ何cm
　になりますか。

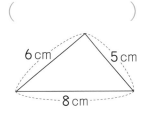

6cm → （　　　　　　　）　　8cm → （　　　　　　　）　　5cm → （　　　　　　　）

！ヒント

　④ ます目の数を縦にいくつ，横にいくつと数えてその何倍かになるものを探そう。

　⑤ ❷ ４倍の拡大図なので，辺の長さも４倍になることから考えよう。

　⑥ まず，もとの三角形のまわりの長さを求め，何倍の拡大図になるか求めればいいね。

　　　　　　　　　　　　　　　　　　　　「答えと考え方」を読んでおさらいしよう！　　**73**

17 縮図の利用

答え ▶ 27ページ

縮尺や縮図の表し方, 計算のしかたについて おさえよう。

標準 レベル

例題1 縮尺の計算

次の問題に答えましょう。

① 100mの長さを4cmで表した縮図があります。この縮尺を分数と比で表しましょう。

② 実際の長さが50mのとき, 縮尺 $\frac{1}{1000}$ の縮図では何cmになりますか。

③ 縮尺 $\frac{1}{25000}$ の縮図で12cmの長さは, 実際は何kmありますか。

とき方 ① 分数では, $\frac{縮図上の長さ}{実際の長さ}$ となります。100m＝[ ]cm なので, $\frac{4}{10000}$ ＝ [ ]／[ ] です。比では, (縮図上の長さ):(実際の長さ) となります。 **答え** 分数…[ ]／[ ] , 比…1:[ ]

② 50m＝5000cm なので, $5000 \times \frac{1}{1000}$ ＝ [ ] (cm)

答え [ ] cm

③ $12 \div \frac{1}{25000}$ ＝12×25000＝ [ ] (cm)

[ ] cm＝ [ ] m＝ [ ] km

答え [ ] km

---

1 次の長さは, 縮図では何cmになりますか。ただし, ( )の中は縮尺を表します。

❶ 20m $\left(\frac{1}{250} \right)$　　　　❷ 4km (1:10000)

( )　　　　　　　　( )

2 縮図上の次の長さは, 実際は何kmありますか。ただし, ( )の中は縮尺を表します。

❶ 25cm $\left(\frac{1}{20000} \right)$　　　　❷ 9cm (1:50000)

( )　　　　　　　　( )

物知り
算数
豆知識

人間の足首は90°に曲がっているのに，靴下は90°より大きく曲がっている
よ。これは，機械でたくさんつくるようになったとき，90°で編むと時間が
かかってしまったからなんだって！

例題2 縮図の利用

建物から11mはなれたところから建物を見上げた
ら，右の図のように，水平方向に対して36°上に見
えました。

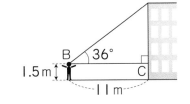

① 直角三角形ABCの $\frac{1}{200}$ の縮図をかくと，辺BC

の長さは何cmですか。

② 縮図をかいて，この建物のおよその高さを求めましょう。

とき方 ① 11m＝1100cm　　$1100 \times \frac{1}{200} = $ ⬚ (cm)

答え ⬚ cm

② 右の図のような縮図をかいて，ACに対応す
る辺の長さをはかると約4cmになります。
したがって，実際のACの長さは，

$4 \div \frac{1}{200} = 4 \times 200 = $ ⬚ (cm)

⬚ cm＝ ⬚ m

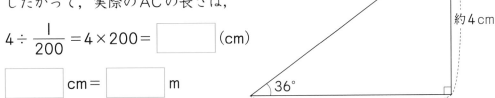

約4cm

36°

5.5cm

建物の高さは，目の高さをたして，

⬚ ＋1.5＝ ⬚ (m)

答え 約 ⬚ m

3 建物から14mはなれたところから建物を見上げたら，
右の図のように，水平方向に対して47°上に見えました。

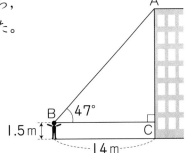

❶ 直角三角形ABCの $\frac{1}{200}$ の縮図をかくと，辺BC

の長さは何cmですか。

（　　　　　　　）

❷ 縮図をかいて，この建物のおよその高さを求め
ましょう。

（　　　　　　　）

17 縮図の利用

縮図を正確にかいて実際の長さを求めよう！

① 次のような縮図について，縮尺を分数と比で表しましょう。

❶ 8kmの長さを40cmで表した縮図

分数（　　　　　　　） 比（　　　　　　　）

❷ 240mの長さを80mmで表した縮図

分数（　　　　　　　） 比（　　　　　　　）

❸ 0.9kmの長さを36cmで表した縮図

分数（　　　　　　　） 比（　　　　　　　）

② 次の長さは，縮図では何cmになりますか。ただし，（　　　）の中は縮尺を表します。

❶ 18m $\left(\dfrac{1}{600}\right)$　　　　　❷ 1km （1：2000）

（　　　　　　　）　　　（　　　　　　　）

❸ 125m $\left(\dfrac{1}{2500}\right)$　　　　❹ 7km （1：50000）

（　　　　　　　）　　　（　　　　　　　）

③ 縮図上の次の長さは，実際は何kmありますか。ただし，（　　　）の中は縮尺を表します。

❶ 50cm $\left(\dfrac{1}{4000}\right)$　　　　❷ 800mm （1：5000）

（　　　　　　　）　　　（　　　　　　　）

❸ 1.2m $\left(\dfrac{1}{20000}\right)$　　　❹ 48cm （1：25000）

（　　　　　　　）　　　（　　　　　　　）

⎯⎯⎯⎯⎯⎯⎯⎯⎯ ★★★ できたらスゴイ！ ⎯⎯⎯⎯⎯⎯⎯⎯⎯

❹ 長方形の土地と，縮尺１：300のこの土地の縮図があります。縮図の長方形の縦
　が２cm，横が５cmのとき，実際のこの土地の面積は何m²ですか。

（　　　　　　　　　）

❺ 右の図の池のA地点とB地点のきょりは直接はかれな

いので，C地点からのきょりと角度をはかって $\frac{1}{2000}$

の縮図をかいて考えます。あとの問題に答えましょう。

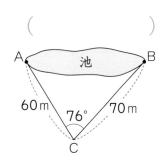

❶ 辺AC，BCに対応する縮図の辺の長さはそれぞ
　れ何cmになりますか。

AC（　　　　　　　） BC（　　　　　　　）

❷ 右のわくの中に縮図をかいて，A地点とB地点
　のおよそのきょりを求めましょう。

（　　　　　　　　　）

❻ 右の図の川のはばをはかるのに，A，B，Cの３地

点の位置関係を調べました。この図の $\frac{1}{2000}$ の縮図

をかいて考えます。あとの問題に答えましょう。

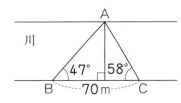

❶ 辺BCに対応する縮図の辺の長さは何cmになり
　ますか。

（　　　　　　　　　）

❷ 右のわくの中に縮図をかいて，この川のはばが
　約何mか求めましょう。

（　　　　　　　　　）

!ヒント
　❹ 実際の長方形の土地の縦，横の長さを計算で求めよう。
　❺ ❻ ❷ ❶で求めた辺の長さと角度から縮図を正確にかこう。

18 円の面積

確かめよう ‥‥‥ ◆ ✦ ✧ ‥‥‥ 標準 レベル ‥‥‥

> 円の面積の求め方を学習したり、円の面積の公式を使って図形の面積を求めたりしよう。

例題1 円のおよその面積

円の面積を求めるのに、右の図のような半径 8 cmの円の $\frac{1}{4}$ を、1 cmの正方形のます目の中にかいた図を考えて求めようと思います。次の問題に答えましょう。

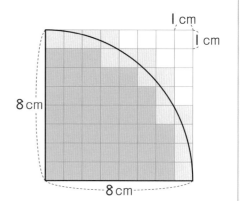

① ▨ の正方形と □ の正方形の数を求め、□ は正方形の面積の半分と考えて円のおよその面積を求めましょう。

② 半径 8 cmの円のおよその面積は 1 辺 8 cmの正方形の面積の何倍になりますか。小数第一位を四捨五入して整数で答えましょう。

とき方 ① ▨ の正方形の数は ☐ 個、□ の正方形の数は ☐ 個なので、

円のおよその面積は、（ ☐ ＋ ☐ ÷2)×4 ＝ ☐ (cm²)

答え 約 ☐ cm²

② 1 辺 8 cmの正方形の面積は、$8 \times 8 = 64$ (cm²)なので、 ☐ $\div 64 = 3.0\cdots$

四捨五入すると、 ☐ 倍

答え 約 ☐ 倍

---

1 右の図は、半径 8 cmの円と、その内側にぴったりはまる正十二角形の $\frac{1}{4}$ の部分です。次の問題に答えましょう。

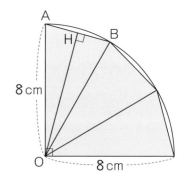

❶ 右の図の三角形OABのAB、OHの長さはそれぞれ 4.1 cm、7.7 cmです。正十二角形の面積が円の面積と等しくなるとして、この円のおよその面積を求めましょう。

（　　　　　　　　　）

❷ ❶で求めた円のおよその面積は、1 辺 8 cmの正方形の面積の何倍になりますか。小数第一位を四捨五入して整数で答えましょう。

（　　　　　　　　　）

黒いえん筆とはちがって，多くの色えん筆の先たんは，円形になっているね。主な理由は，絵をかくために色々な持ち方をして使うので，指になじませる必要があるからなんだって！

例題2 円の面積の公式，いろいろな図形の面積

次の問題に答えましょう。

① 半径8cmの円の面積を求めましょう。

② 右の図形の面積を求めましょう。

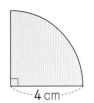
4cm

とき方 ① 円の面積を求める公式は，円周率を3.14として，

(円の面積)＝(半径)×(半径)×3.14　だから，半径8cmの円の面積は，

$8 \times 8 \times 3.14 =$ ◻ (cm^2)　**答え** ◻ cm^2

② 半径4cmの円の $\frac{1}{4}$ の面積だから，

$4 \times 4 \times 3.14 \times \frac{1}{4} =$ ◻ (cm^2)　**答え** ◻ cm^2

たいせつ
特に指示がないかぎり，円周率は3.14を使います。

2 次の円の面積を求めましょう。

❶ 半径12cmの円　　　　　❷ 直径18cmの円

（　　　　　　　　　　　）　　　（　　　　　　　　　　　）

3 次の半円の面積を求めましょう。

❶ 半径10cmの半円　　　　❷ 直径16cmの半円

（　　　　　　　　　　　）　　　（　　　　　　　　　　　）

4 次の図形の面積を求めましょう。

❶
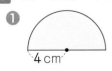
4cm

❷

3cm

❸
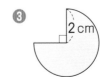
2cm

（　　　　　）　　（　　　　　）　（　　　　　）

答え▶29ページ

18 円の面積

深めよう

★★★ **ハイ** レベル

> くふうして複雑な円を
> 使った図形の面積を求
> めよう。

① 次の □ にあてはまる数を書きましょう。

　❶ 直径が20cmの円の半分のさらに半分の面積は □ cm² です。

　　　　　　　　　　　　　　　　　　　（　　　　　　）

　❷ 半径が □ cmの円の面積は314cm² です。

　　　　　　　　　　　　　　　　　　　（　　　　　　）

② 右の図のように3つの円があります。かげのついた部分の面積を
求めましょう。

4cm

2cm

　　　　　　　　　　　　　　　　　　　（　　　　　　）

③ 次の図形で，かげのついた部分の面積を求めましょう。

　❶

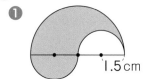

1.5cm

　❷ 4つの円の半
　　　径はすべて
　　　5cmです。

　　　　（　　　　　　）　　　　　（　　　　　　）

④ 長さ124cmのひもで正方形を作ったときと円を作ったときの面積の差は，どち
らがどれだけ大きいですか。ただし，円周率は3.1で計算しましょう。

　　　　　　　　　　　　　　　　　　　（　　　　　　）

⑤ 右の図は，直径8cmの半円の中におさまる最も大きい円
をかいたものです。かげのついた部分の面積を求めましょう。

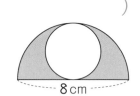

8cm

　　　　　　　　　　　　　　　　　　　（　　　　　　）

6 次の図形で，かげのついた部分の面積を求めましょう。

❶
10cm

❷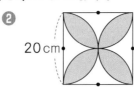
20cm

（　　　　　　　　　　）　　　　　（　　　　　　　　　　）

7 直径が10cm，20cm，30cm，40cmの円が図のように重なっています。かげのついた部分の面積を求めましょう。

（　　　　　　　　　　）

✦✦✦ **できたらスゴイ！**

8 右の図のように1辺が10cmの正方形の内側に接している円と，その円周上に4つの頂点がある正方形があります。このとき，かげのついた部分の面積を求めましょう。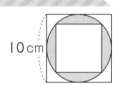
10cm

（　　　　　　　　　　）

9 右の図のように，ひし形の中に円がぴったりと入っているとき，かげのついた部分の面積を求めましょう。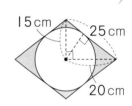
15cm　25cm　20cm

（　　　　　　　　　　）

！ヒント

6 ❷ 2つ分の円の面積から正方形の面積をひいた面積になることに気づこう。

8 内側の正方形の面積は，（対角線）×（対角線）÷2で求めよう。

9 円の半径を求めるのに，直角三角形の面積を2通りの方法で表して考えよう。

思考力育成問題

答え ▶ 30ページ

本物の雪の結晶と，正三角形を使ってかいた図形を見比べてみよう！

正三角形を使って雪の結晶(けっしょう)をかいてみよう！

⭐ 次の文を読んで，あとの問題に答えましょう。

まず，右の図に注目しましょう。

この図形は，白い正三角形のそれぞれの辺の真ん中に，3つの合同な正三角形▽をぴったりとつけたものです。この3つの合同な正三角形は，白い部分の正三角形の$\frac{1}{3}$の縮図を上下ひっくり返すことでつくります。この図形を⑤とします。

図形⑤

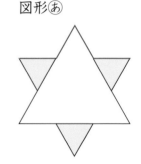

右のように，図形⑤の，上の辺の部分を切り取りました。これを折れ線(お)⑥とします。それぞれの頂点に点A，B，C，D，Eをとります。辺AB，BC，CD，DEの長さは，もとの白い正三角形の1辺の □①□ です。このことから，辺AB，BC，CD，DEの長さの和は，もとの白い正三角形の1辺を □②□ 倍したものであることがわかります。

折れ線⑥

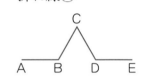

右のような図をかこうと思います。この図形は，上の重ね合わせた三角形にさらに正三角形をかきたすことで作図することができます。

雪の結晶のように見えることから，「コッホ雪片(せっぺん)」といいます。

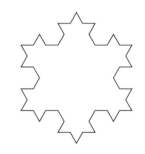

上の図を，右のように⑤，⑥，⑧の3つの部分に分けます。⑤，⑥，⑧はすべて合同な図形です。⑤を3回かいて，回転させながらずらして合わせると，コッホ雪片をかくことができます。

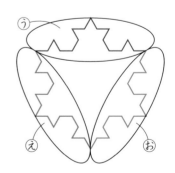

⑤は，折れ線⑥を使ってかくことができます。まず，折れ線⑥の点B，Dをつなぎます。すると，図形⑥の白い部分の正三角形を　①　に縮小した正三角形CBDができます。この正三角形のさらに　①　の縮図である三角形を，辺AB，BC，CD，DEの真ん中に，合計4か所つけたします。

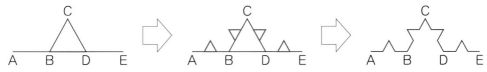

上の3つの図のような操作を，操作⑦と呼ぶことにします。つけたす4つの正三角形の1辺の長さは，図形⑥の白い正三角形の1辺の長さの　③　になります。

❶ ①〜③にあてはまる数を，分数で書きましょう。

　　　　　　①（　　　　　　　　）②（　　　　　　　）③（　　　　　　　　　）

❷ 操作⑦の手順をまとめます。下の⑦〜⑦の5つの手順をすべて使って折れ線⑥から⑤をかくとき，その順番を左から並べましょう。

⑦　余分な線をすべて取りのぞく。

⑦　辺BD以外の辺をそれぞれ三等分する。

⑦　点B，Dをつないで，正三角形CBDをつくる。

⑦　辺AB，BC，CD，DEのそれぞれに対して，三等分したうちの真ん中の部分に注目する。

⑦　辺AB，BC，CD，DEの真ん中に，それぞれの辺にぴったりつくようにして，正三角形CBDの　①　の縮図をえがく。

　　　　　　　　（　　　　→　　　　→　　　　→　　　　→　　　　）

!ヒント

❶ ①と②では，辺AB，BC，CD，DEの長さがすべて同じであることを確認しよう。
　③は，もとの正三角形を計2回縮小してかいていることから考えよう。

❷ $\frac{1}{3}$の正三角形をつくるために，辺AB，BC，CD，DEを三等分して考えるよ。

19 角柱と円柱の体積

角柱や円柱の体積や, いろいろな立体の体積を計算しよう。

 確かめよう　・・・・・・・　標準 レベル　・・・・・・・

例題1 角柱と円柱の体積

次の角柱や円柱の体積を求めましょう。

①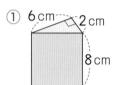

②

とき方　角柱や円柱の体積は, (体積)＝(底面積)×(高さ)で求めましょう。

① 底面の三角形の面積は, $6×2÷2=$ ☐ (cm^2)なので,

この三角柱の体積は,

☐ $×8=$ ☐ (cm^3)　**答え** ☐ cm^3

② 底面の円の面積は, $10×10×3.14=$ ☐ (cm^2)なので,

この円柱の体積は,

☐ $×32=$ ☐ (cm^3)

答え ☐ cm^3

たいせつ
特に指示がないかぎり, 円周率は3.14を使います。

1 次の角柱や円柱の体積を求めましょう。

❶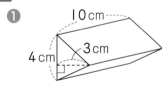

❷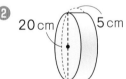

❸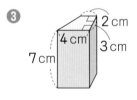

(　　　　　)　　(　　　　　)　　(　　　　　)

2 右の図の円柱の体積は628cm^{3}です。この円柱の高さを求めましょう。

(　　　　　)

例題2 いろいろな立体の体積

右の図は，１辺が20cmの立方体から三角柱を切り取った立体です。この立体の体積は何cm³ですか。

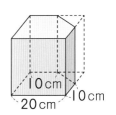

10cm
20cm　10cm

とき方　切り取った三角柱の底面の三角形の面積は，10×10÷2＝50(cm²)

なので，この三角柱の体積は，50×□＝□(cm³)

立方体の体積は，20×20×20＝8000(cm³)だから，求める立体の体積は，

8000－□＝□(cm³)　**答え**□cm³

別解　この立体は五角柱だから，底面の五角形の面積は，正方形から上で求めた三角形の面積をひけばよいので，20×20－50＝□(cm²)

求める立体の体積は，□×20＝□(cm³)

答え□cm³

3 右の図は，直方体から三角柱を切り取った立体です。この立体の体積は何cm³ですか。

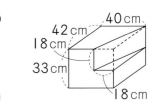

40cm
42cm
18cm
33cm
18cm

（　　　　　　　　　　　　　）

4 次の図は，❶が円柱の$\frac{1}{2}$，❷が円柱の$\frac{1}{4}$の図形を表しています。それぞれの立体の体積は何cm³ですか。

❶
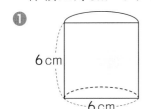
6cm
6cm

❷
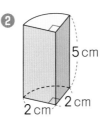
5cm
2cm　2cm

（　　　　　　　　）　　　　　（　　　　　　　　）

19 角柱と円柱の体積

✦✦✧ ハイ レベル ………

角柱や円柱を組み合わせた立体の体積や，展開図で表された立体の体積を求めよう。

1 次の ☐ にあてはまる数を書きましょう。

1 円柱の底面の半径が3cmで体積が141.3cm³のとき，高さは ☐ cmです。

( )

2 円柱の高さが10cmで体積が502.4cm³のとき，底面の半径は ☐ cmです。

( )

2 下の展開図を組み立ててできる三角柱や四角柱の体積を求めましょう。

1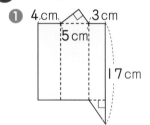

2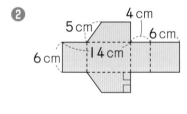

( ) ( )

3 次の問題に答えましょう。

1 右の図は，円柱の展開図です。これを組み立ててできる立体の体積を求めましょう。

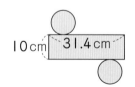

( )

2 右の図のような円柱の上に円柱をのせた立体の体積を求めましょう。

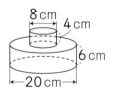

( )

④ 右の図は，ある立体を真上から見たときと，真正面から見たときの図です。この立体の体積は何cm³ですか。

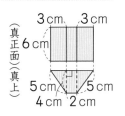

（　　　　　　　　　）

✦✦✦ できたらスゴイ！

⑤ 右の図の円柱と直方体は同じ体積です。xにあてはまる数はいくつですか。

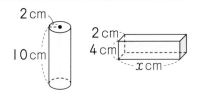

（　　　　　　　　　）

⑥ 右の立体は，高さ8cm，半径6cmの円柱から図のように小さな円柱をくりぬいたものです。この立体の体積は何cm³ですか。

（　　　　　　　　　）

⑦ 次の立体の体積を求めましょう。

❶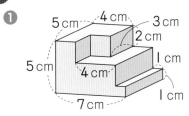

❷ 直方体から半円柱をくりぬいた立体

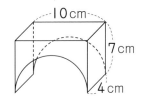

（　　　　　　　）　　　　（　　　　　　　）

！ヒント

⑤ まず，円柱の体積を求めて，直方体の体積を，xを使った式で表そう。

⑥ 厚さが1cmであることから，くりぬいた小さな円柱の底面の円の半径を求めよう。

⑦ ❶ 3つの部分に分けて考えよう。 ❷ 半円柱の底面の半円の半径は5cmだよ。

答え ▶ 32ページ

20 およその面積と体積

確かめよう ＋ ＋ ＋ 標準 レベル

方眼を数えたり，および その形を考えたりして 複雑な図形の面積や体 積を求めよう。

例題1 およその面積

右の図のような池があります。この池のおよ その面積を，次の2つの方法で求めましょう。

① 方眼の数を数える方法

② およその形を考える方法

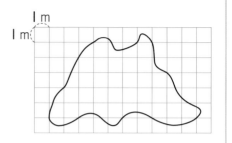

とき方 ① ■の正方形と □の正方形の数を求め，□は正方形の面積の半分と

考えておよその面積を求めましょう。

■の正方形が [　　　] 個，□の正方形

が [　　　] 個なので，およその面積は，

[　　　] ＋ [　　　] ÷2 ＝ [　　　] (m²)

答え 約 [　　　] m²

② 右の図のように，およそ台形と考えて面積を求めましょう。

上底 [　　　] m，下底10m，高さ5mな

ので，この面積は，

([　　　] ＋10)×5÷2 ＝ [　　　] (m²)

答え 約 [　　　] m²

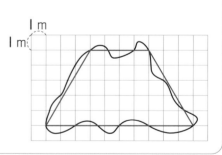

1 下の図のような形のおよその面積を， 例題1 ①の方法で求めましょう。

❶
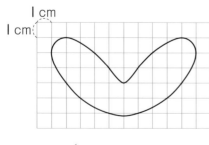

(　　　　　　　)

❷
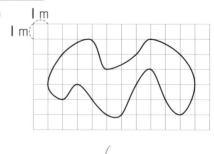

(　　　　　　　)

球だけでなく，そのほかの立体も，一方がもう一方の●倍に拡大されると，体積は，●×●×●（倍）になるよ。ちなみに，表面積は●×●（倍）だよ。

例題2　およその体積

右の図は，プリンの大きさをはかったものです。このプリンをおよそ円柱と考えて，その体積を上から1けたのがい数で求めましょう。

とき方　およその円柱の底面の半径は，プリンの上の面と下の面の円の半径の平均と考えて，$(2+3) \div 2 = 2.5$（cm）としましょう。

したがって，この円柱の体積は，

$2.5 \times 2.5 \times 3.14 \times$ ⬜ $=$ ⬜ （cm³）

上から1けたのがい数にすると，⬜ cm³

答え　約 ⬜ cm³

📖さんこう

$2.5 \times 2.5 \times 3.14 \times 5 = 6.25 \times 15.7 = 98.125 \rightarrow 100$（上から1けたのがい数に注意）

2 右の図は，紙ぶくろの大きさをはかったものです。この紙ぶくろをおよそ直方体と考えると，その容積はおよそ何cm³ですか。

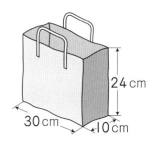

（　　　　　　　　　　　　　）

3 右の図は，ゴミ箱の大きさをはかったものです。このゴミ箱をおよそ円柱と考えて，その体積を上から1けたのがい数で求めましょう。

（　　　　　　　　　　　　　）

答え ▶ 32ページ

20 およその面積と体積

深めよう ✦✦✦ ハイ レベル

およその形を考えて，複雑な図形の面積や体積を求め，それらを比べてみよう。

❶ 下の図のような形のおよその面積を，およその形を考えて求めましょう。

❶
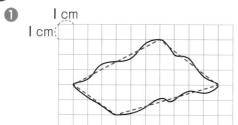

❷
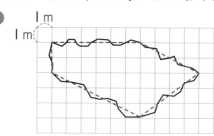

( ) ( )

❷ 右の図は，半径2cmの円を四等分した図形4つと1辺2cmの正方形5つを組み合わせた図形です。あとの問題に答えましょう。

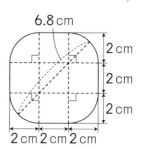

❶ この図形を，1辺が6cmの正方形と考えると面積はおよそ何cm²ですか。

( )

❷ この図形を，直径が6.8cmの円と考えると面積はおよそ何cm²ですか。上から2けたのがい数で答えましょう。

( )

❸ ❶と❷で求めたおよその面積はどちらが何cm²大きいですか。あるいは同じですか。

( )

❹ ❶で求めた面積は，この図形の正しい面積のおよそ何倍ですか。上から2けたのがい数で答えましょう。

( )

✦✦✦ **できたらスゴイ！**

❸ 右の⑦～⑰の３つの図は，３種類のペットボトルのサイズを調べたものです。あとの問題に答えましょう。ただし，1mL＝1cm³，1L＝1000cm³ を使って，上から1けたのがい数にしてすべての答えを求めましょう。

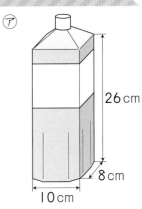

⑦

26cm

8cm

10cm

❶ ⑦のペットボトルをおよそ直方体と考えると，このペットボトルの内容量は，およそ何Lですか。

（　　　　　　　　　　）

❷ ⑦のペットボトルをおよそ直方体と考えると，このペットボトルの内容量は，およそ何mLですか。

⑦

19.5cm

6cm

6cm

（　　　　　　　　　　）

❸ ⑰のペットボトルをおよそ円柱と考えると，このペットボトルの内容量は，およそ何mLですか。

⑰

18cm

6cm

（　　　　　　　　　　）

❹ ❶，❷で求めたおよその値（あたい）を使って計算すると，⑦の内容量は⑦の内容量のおよそ何倍になりますか。

（　　　　　　　　　　）

❺ ❶，❸で求めたおよその値を使って計算すると，⑦の内容量は⑰の内容量のおよそ何倍になりますか。

（　　　　　　　　　　）

！ヒント

❶ ❶ ２つの三角形の面積の和になるね。　❷ 台形と三角形の面積の和になるね。

❷ ❹ およその値は正しい値の，およそ0.9倍～1.1倍位の値になるよ。

❸ ❹，❺ およその値を使って計算した値も，上から1けたのがい数にするよ。

21 比例

答え▶33ページ

y が x に比例すると き，x が増えたときの y の変わり方がどうな るか確認しよう！

確かめ よう

標準 レベル

例題1 比例

右の表は，1個40円のチョコパ イを買ったときの，個数と代金の 関係を表したものです。次の問題 に答えましょう。

個数(個)	1	2	3	4	5	6
代金(円)	40	80	120	160	200	240

① チョコパイの個数が2倍，3倍，…になると，代金はどのように変わるでしょ うか。

② チョコパイの代金は個数に比例しますか。

とき方 ① 右の表のように，

個数が2倍になると代金は ⬜ 倍，個数が3倍に

なると代金は ⬜ 倍になります。

個数(個)	1	2	3	4	5	6
代金(円)	40	80	120	160	200	240

答え ⬜ 倍，⬜ 倍，…になる。

② ①より，一方の量の値が2倍，3倍，…になると，もう一方の量の値も2倍，

3倍，…になるから，⬜ します。 **答え** ⬜ する。

1 右の表は，針金の長さと重さの関 係を表したものです。次の問題に答 えましょう。

長さ(m)	1	2	3	4	5	6
重さ(g)	7	14	21	28	35	42

❶ 針金の長さが2倍，3倍，…になると，重さはどのように変わるでしょうか。

( )

❷ 針金の重さは針金の長さに比例しますか。

( )

算数豆知識 物知り

y が x に比例するときに，「$y \propto x$」と表すこともあるよ。また，「比例」は「正比例」ともいうよ。「正比例」の反対のことばが「反比例」だね。反比例は「$y \propto^{-1} x$」という記号で表すんだって！

例題2　比例の性質

右の表は，底辺の長さが x cm，高さが 6 cm の三角形の面積を y cm² としたときの関係を表したものです，あとの問題に答えましょう。

底辺 x(cm)	1	2	3	4	5	6
面積 y(cm²)	3	6	9	12	15	18

(上) $\frac{1}{3}$倍　$\frac{5}{2}$倍
(下) ①倍　⑦倍

① y は x に比例していますか。

② ⑦，①にあてはまる数を求めましょう。

③ 底辺が 8 cm のときの面積は，底辺が 5 cm のときの面積の何倍ですか。また，底辺が 8 cm のときの面積は何 cm² ですか。

とき方　① x の値が 2 倍，3 倍，…になると，それにともなって y の値も 2 倍，3 倍，…になるから，□□□□ します。　**答え** □□□□ する。

② ⑦ x の値の変わり方は，2→5 で，$5 \div 2 = \frac{5}{2}$（倍）

➡ y の値の変わり方も $\dfrac{\Box}{\Box}$ 倍になります。　**答え** $\dfrac{\Box}{\Box}$

① x の値の変わり方は，3→1 で，$1 \div 3 = \frac{1}{3}$（倍）

➡ y の値の変わり方も $\dfrac{\Box}{\Box}$ 倍になります。　**答え** $\dfrac{\Box}{\Box}$

③ x の値の変わり方は，5→8 で，$8 \div 5 = \frac{8}{5}$（倍）➡ y の値の変わり方も同じだから，求める面積は，$15 \times \frac{8}{5} = \Box$（cm²）

答え $\frac{8}{5}$ 倍，□ cm²

2 上の **例題2** で，底辺が 11 cm のときの面積は，底辺が 4 cm のときの面積の何倍ですか。また，底辺が 11 cm のときの面積は何 cm² ですか。

何倍（　　　　　　　　　）　面積（　　　　　　　　　）

答え▶34ページ

21 比例

深めよう　★★★ **ハイ** レベル

> 比例の性質からいろいろなものの数量の変わり方を考えよう。

① 下の表で，y が x に比例しているものをすべて選び，記号で答えましょう。

⑦
x (cm)	1	2	3	4
y (cm)	4	6	8	10

④
x (分)	1	2	3	4
y (L)	8	16	24	32

⑦
x (個)	2	4	6	8
y (円)	70	130	200	260

⑤
x (m)	2	4	6	8
y (m²)	6	12	18	24

(　　　　　　　)

② 次の⑦～⑪の中で，2つの量が比例するものをすべて選び，記号で答えましょう。

⑦　底辺の長さが12.5cmの三角形の高さと面積

④　縦の長さが20cmの長方形の横の長さとまわりの長さ

⑦　ある日のある時刻における，木の高さとできるかげの長さ

⑤　10kmのきょりを歩くときの歩く速さとかかる時間

⑦　円の半径の長さと円周の長さ

⑪　立方体の1辺の長さと表面積

(　　　　　　　)

③ 右の表は，消しゴムの個数と代金の関係を表したものです。あとの問題に答えましょう。

個数　　x (個)	1	2	3	4	5
代金　　y (円)	35	70	105	140	175

❶ y は x に比例しますか。

(　　　　　　　)

❷ x が $\dfrac{1}{2}$，$\dfrac{1}{3}$，…になると，y はどのように変わりますか。

(　　　　　　　)

❸ 消しゴム9個の代金は何円ですか。

(　　　　　　　)

❹ 下の❶～❹の表のあいているところにあてはまる数を入れましょう。また，2つの量が比例するものには〇，そうでないものには×を答えましょう。

❶ ひし形の1辺の長さとまわりの長さ

1辺の長さ　（cm）	1	2	3	4
まわりの長さ（cm）				

（　　　　　　　　　　　）

❷ 正方形の対角線の長さと面積

対角線の長さ（cm）	1	2	3	4
面積　　　（cm²）				

（　　　　　　　　　　　）

❸ 正六角形の1辺の長さとまわりの長さ

1辺の長さ　（cm）	1	2	3	4
まわりの長さ（cm）				

（　　　　　　　　　　　）

❹ 面積が24cm²の平行四辺形の底辺の長さと高さ

底辺の長さ　（cm）	1	2	3	4
高さ　　　（cm）				

（　　　　　　　　　　　）

～～～～～ ✦✦✦ できたらスゴイ！ ～～～～～

❺ 右の表で，yはxに比例しています。あとの問題に答えましょう。

x	1	2	②	8	④
y	3.6	①	14.4	③	39.6

❶ ③の数は①の数の何倍ですか。

（　　　　　　　　　　　）

❷ ④の数は②の数の何倍ですか。

（　　　　　　　　　　　）

❸ yの値が$\dfrac{54}{5}$のときのxの値は，④の数の何倍ですか。

（　　　　　　　　　　　）

!ヒント

❷ ⑦ 木の高さが2倍，3倍，…になると，できるかげの長さも2倍，3倍，…になるね。

❹ ❷ （正方形の面積）＝（対角線）×（対角線）÷2だったね。

❺ 値が小数や分数でも計算の考え方は，今までの計算といっしょだよ！

「答えと考え方」を読んでおさらいしよう！　　95

22 比例の式と利用

答え ▶ 35ページ

yがxに比例するときの式を求めて，それを利用しよう！

確かめよう

標準 レベル

例題1 比例の式

右の表は，水そうに水を入れる時間と水の深さの関係を表したものです。次の問題に答えましょう。

時間 x（分）	1	2	3	4	5	6
水の深さ y（cm）	8	16	24	32	40	48

① xとyの関係を，yの値を求める式で表しましょう。

② xの値が9のときのyの値を求めましょう。

③ yの値が96のときのxの値を求めましょう。

とき方 ① xの値が2倍，3倍，…になると，それにともなってyの値も2倍，3倍，…になるから，比例しています。
$8÷1=8$，$16÷2=8$，$24÷3=8$，…より，いつも$y÷x=8$となるから，

$y=$ ⬚ $×x$

（答え） $y=$ ⬚ $×x$

たいせつ

yがxに比例するとき，xの値でそれに対応するyの値をわった商は，いつも決まった数になります。
$y÷x=$（決まった数）
yをxの式で表すと，次のようになります。
$y=$（決まった数）$×x$

② ①の式$y=8×x$のxに9をあてはめて，$y=8×9=$ ⬚

（答え） ⬚

③ ①の式$y=8×x$のyに96をあてはめて，$96=8×x$，
$x=96÷8=$ ⬚

（答え） ⬚

---

1 右の表は，あめの個数と代金の関係を表したものです。あとの問題に答えましょう。

個数 x（個）	1	2	3	4	5	6
代金 y（円）	12	24	36	48	60	72

❶ xとyの関係を，yの値を求める式で表しましょう。

（　　　　　　　）

❷ xの値が11のときのyの値を求めましょう。

（　　　　　　　）

❸ yの値が204のときのxの値を求めましょう。

（　　　　　　　）

「比例」を英語で表すと「proportion」だよ。proportionは「割合」を表すことばでもあるよ。比例ではxが2倍，3倍になると，yも2倍，3倍と同じ割合で増えるから，関係することばだね！

例題2　比例の利用

ある紙50枚の厚さをはかると，40mmありました。あとの問題に答えましょう。

① この紙100枚の厚さは何mmですか。

② この紙の束の厚さをはかったら，136mmありました。紙は何枚ありますか。

とき方　紙の厚さは枚数に比例することから考えます。

① $100÷50＝2$（倍）より，枚数は2倍になっています。

だから，厚さも2倍になり，

$40×2＝$ ☐　　**答え** ☐ mm

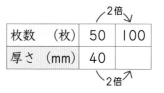

枚数　（枚）	50	100
厚さ　（mm）	40	

② $136÷40＝\dfrac{17}{5}$（倍）より，厚さは$\dfrac{17}{5}$倍になっています。

だから，枚数も $\dfrac{\ }{\ }$ 倍になり，

$50×\dfrac{17}{5}＝$ ☐　　**答え** ☐ 枚

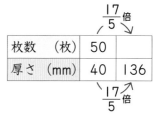

枚数　（枚）	50	
厚さ　（mm）	40	136

さんこう

紙x枚の厚さを$y$mmとします。xが50のときyが40だから，$y÷x＝40÷50＝0.8$
これより，$y＝0.8×x$　（紙1枚の厚さが0.8mmであることを表す。）
① xが100のときだから，$y＝0.8×100＝80$
② yが136のときだから，$136＝0.8×x$　　$x＝136÷0.8＝170$

2　かおるさんは20分で1000m歩きます。同じ速さで歩くとき，あとの問題に答えましょう。

❶ かおるさんが50分歩くと進む道のりは何mですか。

（　　　　　　　）

❷ かおるさんが3750mの道のりを歩くと何分かかりますか。

（　　　　　　　）

答え ▶ 35ページ

22 比例の式と利用

深めよう

★★★ ハイ レベル

> さまざまな比例の式を求めて，数量を求めてみよう！

1 右の表で，y は x に比例しています。あとの問題に答えましょう。

x	3	6	9	12	15
y	21	42	63	84	105

❶ x が1ずつ増えると，y はいくつずつ増えますか。

(　　　　　　　)

❷ y はいつも x の何倍になっていますか。

(　　　　　　　)

❸ x と y の関係を，y の値を求める式で表しましょう。

(　　　　　　　)

2 次の x と y の関係を，y の値を求める式で表しましょう。

❶ 6本300円のえん筆を x 本買ったときの代金が y 円

(　　　　　　　)

❷ 自転車が分速250mで走るときの，走った時間 x 分と進んだ道のり y m

(　　　　　　　)

❸ 底辺の長さ12cm，高さ x cm の三角形の面積 y cm^2

(　　　　　　　)

3 右の表で，y は x に比例しています。あとの問題に答えましょう。

x	1	3	5	③	11
y	$\frac{5}{3}$	①	②	3	④

❶ x と y の関係を，y の値を求める式で表しましょう。

(　　　　　　　)

❷ ①〜④にあてはまる数をそれぞれ求めましょう。

①(　　　　　) ②(　　　　　)

③(　　　　　) ④(　　　　　)

④ $\frac{1}{5}$ 時間で10km進む自動車があります。同じ速さで60km進むのに何時間何分かかりますか。

（　　　　　　　　　　　）

⑤ ある食堂に同じ形，同じ重さのお皿がたくさんありました。ゆきこさんが全体の重さをはかったら33.3kgでした。次に，このお皿5枚の重さをはかったら925gでした。あとの問題に答えましょう。

❶ このお皿100枚の重さは何kgですか。

（　　　　　　　　　　　）

❷ お皿は全部で何枚ありますか。

（　　　　　　　　　　　）

＋＋＋ できたらスゴイ！

⑥ あるばねに30gのおもりを下げるとばねの長さは16cmとなり，50gのおもりを下げるとばねの長さは20cmになります。あとの問題に答えましょう。

❶ このばねは，50－30＝20（g）あたり何cmのびますか。

（　　　　　　　　　　　）

❷ このばねは，10gあたり何cmのびますか。

（　　　　　　　　　　　）

❸ このばねは，30gあたり何cmのびますか。

（　　　　　　　　　　　）

④ おもりを下げないときのこのばねの長さは，何cmですか。

（　　　　　　　　　　　）

❗ヒント
④ まず，速さを求めよう。次に，時間（分）を分数から計算しよう。
⑤ ❶ 100÷5＝20（倍）だから，925gを20倍すればいいんだよ！
⑥ ④ 16cmと❸で求めた値とのちがいを計算すればいいね。

「答えと考え方」を読んでおさらいしよう！　　**99**

23 反比例

> yがxに反比例するとき, xが増えるとyの変わり方がどうなるか考えよう。

標準 レベル

例題1 反比例

右の表は, 面積が24cm^{2}の平行四辺形の, 底辺と高さの関係を表したものです。

底辺 (cm)	1	2	3	4	6	8
高さ (cm)	24	12	8	6	4	3

① 底辺が2倍, 3倍, …になると, 高さはどのように変わるでしょうか。

② 高さは底辺に反比例しますか。

とき方 ① 底辺が2倍になると高さは □/□ 倍になり, 3倍になると □/□

倍になります。　**答え** □/□ 倍, □/□ 倍, …になる。

② ①より, 一方の量の値が2倍, 3倍, …になると, もう一方の量の値が

□/□ 倍, □/□ 倍, …になる

から, □ します。

答え □ する。

たいせつ

2つの数量xとyがあり, xの値が2倍, 3倍, …になると, それにともなってyの値が$\frac{1}{2}$倍, $\frac{1}{3}$倍, …になるとき, 「yはxに反比例する」といいます。

---

1 右の表は, 面積が20cm^{2}の長方形の, 縦の長さと横の長さの関係を表したものです。

縦の長さ (cm)	1	2	4	5	10	20
横の長さ (cm)	20	10	5	4	2	1

❶ 縦の長さが2倍, 3倍, …になると, 横の長さはどのように変わるでしょうか。

(　　　　　　　　　)

❷ 横の長さは縦の長さに反比例しますか。 (　　　　　　　　　)

本のページ数は16の倍数になっていることが多いよ。多くの本は1ページごとに印刷するのではなくて，16ページを1まとまりとして印刷することが多いからなんだ。このまとまりのことを「折（おり）」というよ。

例題2　反比例の性質

右の表は，水そうに1分あたりに入る水の深さといっぱいになるまでにかかる時間の関係を表したものです。

① yはxに反比例しますか。

② ⑦，①，⑨にあてはまる数を求めましょう。

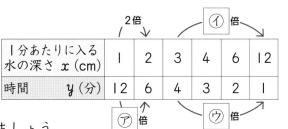

1分あたりに入る 水の深さ x (cm)	1	2	3	4	6	12
時間 y（分）	12	6	4	3	2	1

とき方　① xの値が2倍，3倍，…になると，それにともなってyの値が

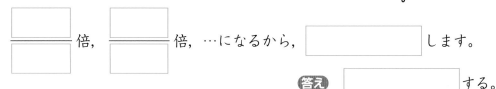

□／□ 倍，□／□ 倍，…になるから，□ します。

答え □ する。

② ⑦ xの値の変わり方は，1→2で，2÷1＝2（倍）

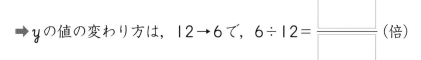

➡ yの値の変わり方は，12→6で，6÷12＝□／□（倍）

①，⑨ xの値の変わり方は，3→12で，12÷3＝□（倍）

➡ yの値の変わり方は，4→1で，1÷4＝□／□（倍）

答え ⑦…□／□ ，①…□ ，⑨…□／□

---

2 右の表は，18kmの道のりを時速$x$kmで歩き，そのときにかかった時間y時間との関係を表したものです。

❶ yはxに反比例しますか。

（　　　　　　　　　）

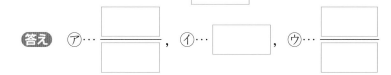

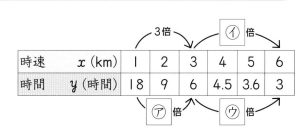

時速 x (km)	1	2	3	4	5	6
時間 y（時間）	18	9	6	4.5	3.6	3

❷ ⑦，①，⑨にあてはまる数を求めましょう。

⑦（　　　　　）　①（　　　　　）　⑨（　　　　　）

23 反比例

深めよう

★★★ ハイ レベル

反比例の性質から, さまざまな数量の変わり方を考えてみよう!

1 下の表で, y が x に反比例しているものをすべて選び, 記号で答えましょう。

⑦
x (分)	1	2	3	4
y (L)	36	18	12	9

①
x (m)	1	2	4	7
y (m)	9	8	6	3

⑨
x (cm)	2	3	5	10
y (cm)	30	20	12	6

⑤
x (秒)	2	4	8	16
y (m)	8	6	3	1

(   )

2 次の⑦〜⑰の中で, 2つの量が反比例するものをすべて選び, 記号で答えましょう。

⑦　同じ品物をちょうど3000円買ったときの1個の値段と買った個数

①　1000円札で買い物をしたとき, はらった金額とおつりの額

⑨　50円の切手を買うときの枚数と代金

⑤　決まった道のりを歩くときの速さとかかった時間

⑦　長方形の面積が決まっているときの縦と横の長さ

⑰　決まった時間で歩くときの速さと歩いた道のり

(   )

3 右の表は, 面積が24cm² の三角形の底辺と高さの関係を表したものです。

底辺 x(cm)	2	3	4	6	8
高さ y(cm)	24	16	12	8	6

❶ y は x に反比例しますか。

(   )

❷ x が $\frac{1}{2}$ 倍, $\frac{1}{3}$ 倍, …になると, y はどのように変わりますか。

(   )

④ 下の❶～❹の表のあいているところにあてはまる数を入れましょう。また，2つの量が反比例するものには○，そうでないものには×を答えましょう。

❶ 正方形の1辺の長さと面積

1辺の長さ (cm)	1	2	3	4
面積 (cm²)				

❷ 60mの道のりを進んだときの分速と時間

分速 (m)	1	2	3	6
時間 (分)				

(　　　　　　　)　(　　　　　　　)

❸ 20Lの灯油を，1日に使う量と使い切る日数

1日に使う量 (L)	1	2	4	5
使い切る日数 (日)				

❹ 15mのリボンから切り取って使った長さと残りの長さ

使った長さ (m)	1	3	6	9
残りの長さ (m)				

(　　　　　　　)　(　　　　　　　)

★★★ できたらスゴイ！

⑤ 右の表で，yはxに反比例しています。あとの問題に答えましょう。

x	1	2	②	6	④
y	5.4	①	1.8	③	0.6

❶ ③の数は①の数の何倍ですか。

(　　　　　　　)

❷ ④の数は②の数の何倍ですか。

(　　　　　　　)

❸ yの値が$\frac{9}{20}$のときのxの値は，④の数の何倍ですか。

(　　　　　　　)

!ヒント

④ ❸ (20Lの灯油)＝(1日に使う量)×(使い切る日数)になるね。

⑤ 値が小数や分数でも計算の考え方は，今までの計算といっしょだよ！

24 反比例の式と利用

答え▶37ページ

反比例の式を求めて、数量を求められるようになろう！

例題1　反比例の式

右の表は、160kmの道のりを、自動車で走るときの時速とかかる時間の関係を表したものです。

時速　　x（km）	10	20	40	50	80
時間　　y（時間）	16	8	4	3.2	2

① xとyの関係を、yの値を求める式で表しましょう。

② xの値が32のときのyの値を求めましょう。

③ yの値が2.5のときのxの値を求めましょう。

とき方　① xの値が2倍、3倍、…になると、

それにともなってyの値が$\dfrac{1}{2}$倍、

$\dfrac{1}{3}$倍、…になるから、反比例しています。10×16＝160、20×8＝160、40×4＝160、…より、いつも

$x \times y = $ ☐ となるから、

$y = $ ☐ $\div x$

たいせつ

yがxに反比例するとき、xの値とそれに対応するyの値の積は、いつも決まった数になります。
　$x \times y =$（決まった数）
yをxの式で表すと、次のようになります。
　$y =$（決まった数）$\div x$

答え　$y = $ ☐ $\div x$

② ①の式$y = 160 \div x$のxに32をあてはめて、

$y = 160 \div 32 = $ ☐　　**答え** ☐

③ ①の式$y = 160 \div x$のyに2.5をあてはめて、$2.5 = 160 \div x$

$x = 160 \div 2.5 = $ ☐　　**答え** ☐

---

1 右の表は、水そうに1分あたりに入る水の深さといっぱいになるまでにかかる時間の関係を表したものです。

1分あたりに入る 水の深さ x（cm）	1	2	3	5	6
時間　　y（分）	30	15	10	6	5

❶ xの値が15のときのyの値を求めましょう。

（　　　　　）

❷ yの値が1.25のときのxの値を求めましょう。

（　　　　　）

物知り算数豆知識

電卓を見ると,「√」の記号があるのを見たことがあるかな？ 「ルート」と読むよ。2つかけると√の中の数になる数を表しているよ。たとえば,「√9＝3」「√25＝5」のようになるよ。

例題2　反比例の利用

算数の計算問題集を１日に５問ずつ解くと，60日で解き終わります。
① この問題集を，１日に10問ずつ解くと，何日で解き終わりますか。
② この問題集を25日で解き終えるには，１日に何問ずつ解けばよいですか。

とき方　１日に解く問題数はかかる日数に反比例することから考えます。

① 10÷5＝2(倍)より，問題数は2倍になっています。だから，日数は $\frac{1}{2}$ 倍になり，

$60 \times \frac{1}{2} =$ ☐　**答え** ☐ 日

	2倍	
問題数（問）	5	10
日数　（日）	60	

$\frac{1}{2}$ 倍

② 25÷60＝$\frac{5}{12}$(倍)より，日数は$\frac{5}{12}$倍になっています。だから，問題数は $\frac{☐}{☐}$ 倍になり，

$5 \times \frac{☐}{☐} =$ ☐　**答え** ☐ 問

	$\frac{12}{5}$倍	
問題数（問）	5	
日数　（日）	60	25

$\frac{5}{12}$ 倍

📖さんこう
１日に解く問題数をx問，かかる日数をy日とします。
xが5のときyが60だから，$x \times y = 5 \times 60 = 300$　　これより，$y = 300 \div x$
① xが10のときだから，$y = 300 \div 10 = 30$
② yが25のときだから，$25 = 300 \div x$　　$x = 300 \div 25 = 12$

2 ある本を，１日に3ページずつ読むと50日で読み終わります。
❶ この本を，１日に10ページずつ読むと，何日で読み終わりますか。

（　　　　　）

❷ この本を25日で読み終えるには，１日に何ページずつ読めばよいですか。

（　　　　　）

24 反比例の式と利用

深め
よう

ハイ レベル

さまざまな関係が反比例になっていることを確かめて，数量を求めてみよう。

1 次の x と y の関係を，y の値を求める式で表しましょう。

❶ 1個 x 円の同じ物を y 個買ったときの代金が5000円

(   )

❷ 1200枚の色紙を，x 人の生徒に1人 y 枚ずつ配る

(   )

❸ 面積が36cm^2 の三角形の底辺の長さ x cm と高さ y cm

(   )

❹ 自転車で2500mの道のりを進むときの速さ分速 x m と時間 y 分

(   )

2 x と y の関係が，$y=8\div x$ で表される反比例の関係があります。

❶ x の値が10のときの y の値を求めましょう。

(   )

❷ y の値が $\dfrac{1}{6}$ のときの x の値を求めましょう。

(   )

3 右の表で，y は x に反比例しています。あとの問題に答えましょう。

x	1	3	②	6	④
y	7.2	①	1.8	③	0.6

❶ x と y の関係を，y の値を求める式で表しましょう。

(   )

❷ ①〜④にあてはまる数をそれぞれ求めましょう。

①(   ) ②(   )

③(   ) ④(   )

✦✦✦ できたらスゴイ！

④ 時速60kmの自動車で8時間進む道のりを，時速45kmで進むとき，何時間何分かかりますか。

（　　　　　　　　　　）

⑤ 白のご石を１列に36個ずつ並べると，ちょうど14列できました。あとの問題に答えましょう。

❶ この白のご石は全部で何個ありますか。

（　　　　　　　　　　）

❷ この白のご石を，１列に21個ずつ並べると，ちょうど何列できますか。

（　　　　　　　　　　）

❸ この白のご石をちょうど28列に並べるには，何個ずつ並べればよいですか。

（　　　　　　　　　　）

⑥ 家のまわりのかべにペンキをぬるのに，5人でぬると12日かかるそうです。x人でぬるとy日かかるとして，あとの問題に答えましょう。

❶ yはxに比例しますか。あるいは，反比例しますか。

（　　　　　　　　　　）

❷ xとyの関係を，yの値を求める式で表しましょう。

（　　　　　　　　　　）

❸ 4人でぬると，何日かかりますか。

（　　　　　　　　　　）

❹ 10日で仕上げるには，何人でぬればよいですか。

（　　　　　　　　　　）

！ヒント

④ まず，道のりを求めよう。次に，時間(分)は分数から計算しよう。

⑤ y列にx個ずつ並べるから，$x×y＝36×14$となるね！

⑥ もし，1人で全部ぬるとすると，$12×5＝60$(日)かかることになるよ。

答え▶39ページ

25 比例と反比例のグラフ

確かめよう ……… 標準レベル …………

比例や反比例のグラフのかきかたを確認しよう！

例題1 比例のグラフ

まさきさんが毎分60mの速さで歩いた時間をx分，道のりをymとしたとき，あとの問題に答えましょう。

① xとyの関係を，yの値を求める式で表しましょう。

② xとyの関係を下の表にまとめます。この表を完成させましょう。

時間　x（分）	1	2	3	4	5
道のり　y（m）					

③ xとyの関係を表すグラフを，右の図にかきましょう。

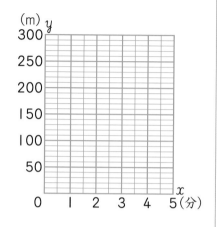

とき方 ①（道のり）＝（速さ）×（時間）

答え $y=$ ☐ $\times x$

② ①の式$y=$ ☐ $\times x$のxに1～5をあてはめて，yの値を求めます。

答え

時間　x（分）	1	2	3	4	5
道のり　y（m）	60				

答え

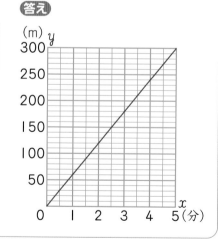

③ ②の表の，対応するxの値とyの値の組をとってグラフに表すと，グラフの点は0の点を通る ☐ 上に並んでいるから，この0の点を通る ☐ をひきます。

---

1 上の 例題1 で，あとの問題に答えましょう。

❶ xの値が9.5のときのyの値を求めましょう。

（　　　　　）

❷ yの値が750のときのxの値を求めましょう。

（　　　　　）

電卓には，「M」の記号が書かれたボタンがついているものが多いよ。「メモリー機能」といって，1つ前に計算した結果をたしたりひいたりするときに使うことができるよ。

例題2 反比例のグラフ

面積が12cm²の平行四辺形があります。底辺を$x$cm，高さを$y$cmとするとき，あとの問題に答えましょう。

① xとyの関係を，yの値を求める式で表しましょう。

② xとyの関係を下の表にまとめます。この表を完成させましょう。

底辺x (cm)	1	2	3	4	6	12
高さy (cm)						

③ xとyの関係を表すグラフを，右の図にかきましょう。

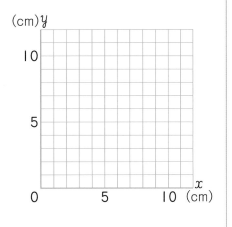

とき方　① （底辺）×（高さ）＝（面積）

$x×y=12$　　　$y=$ ☐ $÷x$

答え　$y=$ ☐ $÷x$

② ①の式$y=$ ☐ $÷x$のxに1〜12をあてはめて，yの値を求めます。

答え

底辺x (cm)	1	2	3	4	6	12
高さy (cm)	12					

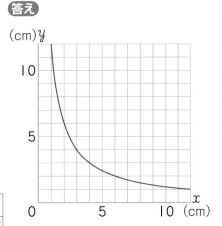

③ ②の表の，対応するxの値とyの値の組をとり，なめらかな曲線で結びます。

2 上の 例題2 で，あとの問題に答えましょう。

❶ xの値が8のときのyの値を求めましょう。

（　　　　　　　　）

❷ yの値が16ときのxの値を求めましょう。

（　　　　　　　　）

25 比例と反比例のグラフ

答え ▶39ページ

深めよう　ハイ レベル

比例や反比例のグラフからいろいろ読み取って，値を求めてみよう！

❶ 右のグラフは，ある針金の長さと重さの関係を表したものです。あとの問題に答えましょう。

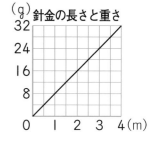

針金の長さと重さ

❶ 長さを x m，重さを y g として，x と y の関係を，y の値を求める式で表しましょう。

(　　　　　　　)

❷ 長さが2mのときの重さは何gですか。

(　　　　　　　)

❸ 重さが30gのときの長さは何mですか。

(　　　　　　　)

❷ 右のグラフは，AさんとBさんが歩いて同じコースを同時に出発したときの，歩いた時間と道のりを表しています。あとの問題に答えましょう。

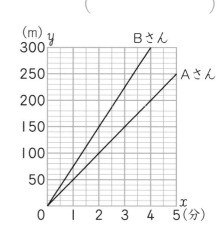

❶ AさんとBさんでは，どちらが速いといえますか。

(　　　　　　　)

❷ 150mの地点をBさんが通過してから，Aさんが通過するまでの時間は何分ですか。

(　　　　　　　)

❸ 出発してから4分後に，AさんとBさんは何mはなれていますか。

(　　　　　　　)

❹ このまま同じ速さで歩いたとすると，出発してから10分後には，AさんとBさんは何mはなれていますか。

(　　　　　　　)

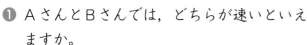

❸ 面積が48cm²の長方形があります。縦の長さを x cm，横の長さを y cmとするとき，あとの問題に答えましょう。

❶ x と y の関係を，y の値を求める式で表しましょう。

（　　　　　　　　　　　　）

❷ x と y の関係を下の表にまとめます。この表を完成させましょう。

縦　x (cm)	2	4	6	8	12	24
横　y (cm)						

❸ x と y の関係を表すグラフを，右の図にかきましょう。

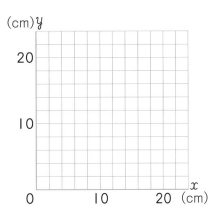

━━━ ✦✦✦ できたらスゴイ！ ━━━

❹ 右の図のように，比例のグラフと反比例のグラフが交わっています。あとの問題に答えましょう。

❶ 交わっている点の x と y の値をそれぞれグラフから読み取りましょう。

x（　　　　　　　）
y（　　　　　　　）

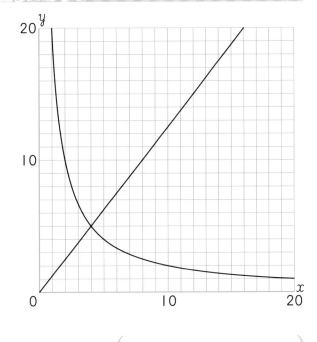

❷ 比例のグラフの x と y の関係を，y の値を求める式で表しましょう。

（　　　　　　　　　　　　　　）

❸ 反比例のグラフの x と y の関係を，y の値を求める式で表しましょう。

（　　　　　　　　　　　　　　）

❗ヒント
❹ ❶ グラフの目もりを読みまちがえないようにしよう！

26 場合の数

答え ▶ 40ページ

並べ方や組み合わせの数え方について学習しよう。

確かめよう　・・・・・・・✦ ✦ ✦ 標準 レベル ・・・・・・・・

例題1　並べ方

Aさん，Bさん，Cさん，Dさんの4人から学級委員長1人と副委員長1人を選びます。あとの問題に答えましょう。

① Aさんが学級委員長になるとき，副委員長の選び方は何通りありますか。

② すべての選び方は何通りありますか。

とき方　（学級委員長，副委員長）と書くことにします。

①　(A，B)，(A，C)，(A，　　　)の　　　　通りあります。

答え　　　　　通り

②　(A，B)，(A，C)，(A，D)，(B，A)，(B，C)，(B，D)，(C，A)，(C，B)，

(C，D)，(D，　　　)，(D，　　　)，(D，　　　)の　　　　通りあります。

答え　　　　　通り

📖 **さんこう**

右のような樹形図を使って調べる方法もあります。

委員長 副委員長
A < B C D

委員長 副委員長
B < A C D

委員長 副委員長
C < A B D

委員長 副委員長
D < A B C

1　1，2，3，4の4枚のカードがあります。あとの問題に答えましょう。

❶ 1以外の3枚から2枚をひいてできる2けたの数は，何通りですか。

（　　　　　　　　）

❷ この4枚から2枚をひいてできる2けたの数は，何通りですか。

（　　　　　　　　）

2　赤，青，黄，白，黒の5個の玉があります。あとの問題に答えましょう。

❶ 赤以外の4個から2個を選んで左から順に並べるとき，並べ方は何通りありますか。

（　　　　　　　　）

❷ この5個から2個を選んで左から順に並べるとき，並べ方は何通りありますか。

（　　　　　　　　）

例題2 組み合わせ

A，B，C，D，Eの5チームでバレーボールの試合をします。どのチームもそれぞれ1回ずつあたるようにするとき，試合の組み合わせは何通りありますか。

とき方 順番を考えるときは，A－B，B－Aは別のものですが，組み合わせでは同じものと考えます。

次のような表し方や表を使って考えましょう。

(A, ___　), (A, ___　), (A, ___　), (A, ___　),

~~(B, A)~~, (B, C), (B, D), (B, E),

~~(C, A)~~, ~~(C, B)~~, (C, D), (C, E),

~~(D, A)~~, ~~(D, B)~~, ~~(D, C)~~, (D, E),

~~(E, A)~~, ~~(E, B)~~, ~~(E, C)~~, ~~(E, D)~~

の ___ 通りあります。

	A	B	C	D	E
A		○	○	○	○
B			○	○	○
C				○	○
D					○
E					

答え ___ 通り

3 [1]，[2]，[3]，[4]，[5]の5枚のカードがあります。あとの問題に答えましょう。

❶ [1]以外の4枚から2枚ひくとき，取り方は何通りできますか。

(　　　　　　　)

❷ この5枚から2枚ひくとき，取り方は何通りできますか。

(　　　　　　　)

4 赤，青，黄，緑，白，黒の色のついた6個の玉があります。あとの問題に答えましょう。

❶ 赤以外の5個から2個を取り出すとき，選び方は何通りありますか。

(　　　　　　　)

❷ この6個から2個を取り出すとき，選び方は何通りありますか。

(　　　　　　　)

26 場合の数

深めよう

★★★ ハイ レベル

複数のものを選ぶ場合の数は，それらを区別するかどうか考えよう。

❶ さちこさんとあけみさんの2人がじゃんけんをします。じゃんけんの手の出し方を，たとえば，(さちこさん，あけみさん)＝(グー，チョキ)のとき，(グ，チ)と書くことにします。あとの問題に答えましょう。

❶ さちこさんが勝つ手の出し方をすべて書きましょう。

(   )

❷ あいこになる手の出し方をすべて書きましょう。

(   )

❷ A，B，C，D，Eの5冊の本があります。午前と午後にそれぞれ1冊ずつ読もうと思います。選び方は何通りありますか。あとの問題に答えましょう。

❶ 5冊の本の選び方を下のような図をかいて考えます。必要な線や記号をかいて，図を完成させなさい。

午前　　　A　　　　　B

午後　B C D E

❷ 選び方は全部で何通りありますか。

(   )

❸ 午前中にAかBのどちらかを読むとき，選び方は何通りありますか。

(   )

❸ 1，2，3，4の4枚のカードがあります。この4枚から2枚をひいてできる2けたの数について，あとの問題に答えましょう。

❶ 偶数は何通りできますか。

(   )

❷ 4の倍数は何通りできますか。

(   )

④ １円玉，５円玉，10円玉，50円玉の４枚のこう貨があります。あとの問題に答えましょう。

❶ この４枚のうち２枚を選んだとき，合計金額は何通りありますか。

（　　　　　　　）

❷ この４枚のうち３枚を選んだとき，合計金額は何通りありますか。

（　　　　　　　）

⑤ 遠足のおやつとして，チョコレート，ポテトチップス，グミ，キャンディー，クッキーの５つのうちいくつかを持っていくことにしました。あとの問題に答えましょう。

❶ チョコレートはかならず持っていくとして，残り４つのうち２つを持っていく方法は何通りありますか。

（　　　　　　　）

❷ この５つのうち２つを持っていく方法は何通りありますか。

（　　　　　　　）

❸ この５つのうち３つを持っていく方法は何通りありますか。

（　　　　　　　）

✦✦✦ **できたらスゴイ！**

⑥ ［１］，［１］，［２］，［３］，［４］の５枚のカードがあります。あとの問題に答えましょう。

❶ この５枚から２枚ひく選び方は何通りできますか。

（　　　　　　　）

❷ この５枚から３枚ひく選び方は何通りできますか。

（　　　　　　　）

❸ この５枚から４枚ひく選び方は何通りできますか。

（　　　　　　　）

！ヒント

⑥ ５枚のカードの中に「１」が２つあることに注目しよう。たとえば，ひかれるカードに「１」がふくまれているときといないときに分けて考えるとわかりやすいよ。

思考力育成問題

答え ▶ 42ページ

コンピューター上で色をつけていく場合の数の問題だよ！

❓ 🖊 コンピューター上で表される色は何種類？

⭐ 次の文を読んで，あとの問題に答えましょう。

コンピューターの情報は，電気のスイッチをつけたり消したりするように，すべて「0」または「1」だけで表されます。こうして表される情報の最小の単位を，「1ビット」といいます。つまり，1ビットは，「0」または「1」の2種類による1けたの情報を表すことができます。

「0」または「1」が2けた，3けた，…と増えていくと，2ビット，3ビット，…と増えていきます。情報の量が増えていくと，表される場合の数も増えます。

2ビットは，どれだけの情報を表すことができるでしょうか？
右の図のように，「0」または「1」を2つ続けるので，場合の数は，「00」「01」「10」「11」の4種類です。
式で表すと，先頭の「0」または「1」の2種類に対して，2番目の「0」または「1」の2種類があるので，2（種類）×2（種類）＝4（種類）となります。

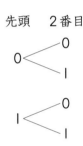

複雑な情報を表すときは，さらにビットの数を増やしていきます。えん筆が12本集まってまとめて「1ダース」と呼ぶように，8ビットの情報をまとめて「1バイト」と呼びます。

コンピューターで色をつけるとき，複雑な色にするために，1バイトで表します。パソコンのモニターなどで使われるカラーディスプレイで色を表すとき，右の図のような「光の三原色」(R(赤)，G(緑)，B(青)の3種類)をかけ合わせて，色をつくっていきます。

R，G，Bのそれぞれに対して濃度(色の深さのこと)を変えることができます。濃度を変えると，色の種類が変わります。濃度を表す方法は，一般的に1バイトです。1バイトで表される情報の場合の数だけ，色を変えることができます。

1ビットで表される情報は2種類，2ビットで表される情報は4種類でした。
場合の数の分だけ色の濃度を変えられるので，それぞれ2種類，4種類の色を表すことができます。

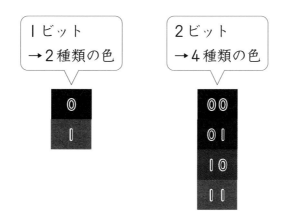

このことから，1バイトで表される情報は | ① |
により場合の数が求められるので，256種類です。1バイトで表される色は，256色です。

光の三原色で色をかけ合わせることを「 ② ビットカラー」と呼びます。
② ビットは3バイトなので，三原色R，G，Bそれぞれが1バイトずつ情報を持って，色の濃度を表すことができます。

❶ ①にあてはまる式を書きましょう。

（　　　　　　　　　　　　　　）

❷ ②にあてはまる数を，整数で答えましょう。

（　　　　　　　　　　　　　　）

❸ R，G，Bそれぞれが1バイトずつ情報を持っているとき，濃度を変えて表すことのできる色が何色であるかを求めます。計算式で，「256×256＝65536」を使って上から2けたのがい数で求めましょう。

（　　　　　　　　　　　　　　）

!ヒント
　❶ 1バイトが8ビットであることから考えよう。
　❸ Rの256種類に対して，それぞれ256種類のGとBがあてはめられるよ。

27 資料の平均とちらばり

 確かめよう ◆ ◆ ◆ 標準 レベル

資料の平均とちらばりや最頻値について学習しよう。

例題1 資料の平均

右の表は，1組と2組のハンドボール投げの記録です。あとの問題に答えましょう。

① 1組の最大値と最小値をそれぞれ求めましょう。

② 2組の資料で，最大値から最小値をひいた差を求めましょう。

③ 平均値でみると，1組と2組のどちらの記録がよいといえますか。

ハンドボール投げの記録（単位 m）

1組		2組	
① 18	⑦ 20	① 14	⑦ 17
② 16	⑧ 18	② 21	⑧ 16
③ 11	⑨ 16	③ 19	⑨ 15
④ 22	⑩ 20	④ 19	⑩ 13
⑤ 15	⑪ 18	⑤ 12	⑪ 17
⑥ 12	⑫ 14	⑥ 17	

とき方 ① 表より，1組の最大値は ☐ m，最小値は11mです。

答え 最大値… ☐ m，最小値…11m

② 表より，2組の最大値は ☐ m，最小値は12mなので，

☐ － 12 ＝ ☐ （m）   **答え** ☐ m

③ それぞれの組の平均値を求めて比べます。

1組の12人の合計は200mなので，平均値は，200÷12＝16.66…より，約16.7mです。

2組の11人の合計は180mなので，平均値は，180÷11＝16.36…より，約16.4mです。

16.4＜16.7なので，1組の記録のほうがよいといえます。   **答え** ☐ 組

---

1 上の **例題1** に右の3組の記録を追加して考えます。あとの問題に答えましょう。

❶ 3組の資料で，最大値から最小値をひいた差を求めましょう。

（   ）

❷ 平均値でみると，1組と2組と3組のどの記録がよいといえますか。

（   ）

ハンドボール投げの記録（単位 m）

3組	
① 15	⑦ 24
② 19	⑧ 14
③ 15	⑨ 13
④ 21	⑩ 19
⑤ 12	⑪ 15
⑥ 17	⑫ 18

商品の裏側に店員が読み取る「バーコード」が印刷されているね。そこに書かれている数字は13けたか8けたのいずれかだよ。つくられた会社の名前や，商品コードなどを表していて，商品によってちがうコードだよ。

例題2　資料のちらばり

下の表は，サッカーのAチームとBチームのフォワード選手の1か月のシュート本数を表しています。あとの問題に答えましょう。

① Aチームの資料をドットプロットで表しなさい。

② 平均値で比べると，AチームとBチームではどちらが多くシュートしたといえますか。

③ 最頻値で比べると，AチームとBチームではどちらが多くシュートしたといえますか。

シュート本数の記録（単位 本）

Aチーム		Bチーム	
① 4	⑤ 5	① 2	⑤ 4
② 3	⑥ 2	② 4	⑥ 3
③ 8	⑦ 3	③ 0	⑦ 6
④ 0	⑧ 6	④ 7	

とき方　① Aチームのドットプロットは，右のようになります。　**答え**

② Aチームのシュート数の合計は31本なので，平均値を四捨五入して上から2けたのがい数にすると，
31÷8＝3.875より，約3.9本です。Bチームのシュート数の合計は

[　　　　] 本なので，平均値を四捨五入して上から2けたのがい数にすると，

[　　　　] ÷7＝3.71…より，約 [　　　] 本です。　**答え** [　　　] チーム

③ 資料の中でいちばん多く現れる値を最頻値（モード）といいます。Aチームは2人いる3本，Bチームは2人いる4本がいちばん多く現れます。

答え [　　　] チーム

2 上の **例題2** に右のCチームの記録を追加して考えます。あとの問題に答えましょう。

❶ 平均値で比べると，A〜Cチームではどこが多くシュートしたといえますか。

（　　　　　　　　　　　　）

❷ 最頻値で比べると，A〜Cチームではどこが多くシュートしたといえますか。

（　　　　　　　　　　　　）

シュート本数の記録（単位 本）

Cチーム	
① 1	⑥ 5
② 6	⑦ 2
③ 9	⑧ 0
④ 5	⑨ 3
⑤ 0	⑩ 5

答え▶43ページ

27 資料の平均とちらばり

深めよう　★★★★ ハイ レベル

> 最大値，最小値，平均値，最頻値で比べたときにデータのよさが変わることに注意しよう。

❶ 右の表は，1組と2組の算数のテストの記録です。あとの問題に答えましょう。

算数のテストの記録（単位 点）

1組		2組	
① 60	⑦ 75	① 65	⑦ 50
② 85	⑧ 65	② 50	⑧ 80
③ 70	⑨ 90	③ 65	⑨ 55
④ 45	⑩ 75	④ 55	⑩ 80
⑤ 70		⑤ 75	⑪ 60
⑥ 85		⑥ 40	

❶ 1組の最大値と最小値をそれぞれ求めましょう。

最大値（　　　　　　　　　）

最小値（　　　　　　　　　）

❷ 2組の資料で，最大値から最小値をひいた差を求めましょう。

（　　　　　　　　　）

❸ 平均値でみると，1組と2組のどちらの点数がよいといえますか。

（　　　　　　　　　）

❷ 右の表は，バスケットボールのフリースローが5本中何本入ったかのAチームとBチームの練習結果を表しています。あとの問題に答えましょう。

フリースローの記録（単位 本）

Aチーム		Bチーム	
① 4	⑦ 3	① 3	⑦ 5
② 5	⑧ 1	② 4	⑧ 4
③ 4	⑨ 4	③ 5	⑨ 3
④ 4	⑩ 2	④ 2	⑩ 5
⑤ 5	⑪ 4	⑤ 4	
⑥ 3		⑥ 5	

❶ Aチームの資料をドットプロットで表しなさい。

```
├──┬──┬──┬──┬──┤
0          5(本)
```

❷ 平均値で比べると，AチームとBチームではどちらが多く成功したといえますか。

（　　　　　　　　　）

❸ 最頻値で比べると，AチームとBチームではどちらが多く成功したといえますか。

（　　　　　　　　　）

❸ 右の表は，1組と2組の反復横とびの記録です。あとの問題に答えましょう。

❶ 1組の最大値と最小値をそれぞれ求めましょう。

反復横とびの記録　（単位 回）

1組		2組	
① 43	⑦ 38	① 55	⑦ 45
② 50	⑧ 48	② 45	⑧ 38
③ 39	⑨ 43	③ 50	⑨ 49
④ 51	⑩ 45	④ 47	⑩ 44
⑤ 43	⑪ 52	⑤ 39	⑪ 45
⑥ 48	⑫ 36	⑥ 44	

最大値（　　　　　　　）

最小値（　　　　　　　）

❷ 最大値から最小値をひいた差を比べると，1組と2組の回数は，どちらのちらばりが大きいといえますか。

（　　　　　　　）

❸ 平均値で比べると，1組と2組のどちらの記録がよいといえますか。

（　　　　　　　）

❹ ❸の資料について，あとの問題に答えましょう。

❶ それぞれの資料をドットプロットで表しましょう。

1組

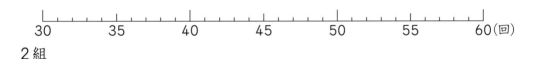

30　　　　35　　　　40　　　　45　　　　50　　　　55　　　　60(回)

2組

30　　　　35　　　　40　　　　45　　　　50　　　　55　　　　60(回)

❷ 最頻値で比べると，1組と2組ではどちらの記録がよいといえますか。

（　　　　　　　）

❸ ❸❷，❸や❹❷から，1組と2組ではどちらの記録がよいといえますか。

（　　　　　　　）

🗝ヒント

❹ ❸ 平均値や最頻値やデータのちらばりなどを総合的に考えよう。

28 度数分布表とヒストグラム，いろいろなグラフ

> 度数分布表やヒストグラムからそれぞれの階級の度数を読み取ろう。

 確かめよう　　★ ＋ ✦ ✧ 標準 レベル

例題1　度数分布表

右の表は，1組の通学時間の記録です。
あとの問題に答えましょう。

① 右の度数分布表を完成させましょう。

② この度数分布表で，階級の幅は何分
ですか。

③ いちばん度数が多い階級を答えま
しょう。

通学時間の
記録（単位 分）

1組			
①	12	⑦	14
②	5	⑧	21
③	13	⑨	12
④	23	⑩	17
⑤	14	⑪	6
⑥	10	⑫	20

1組の通学時間

時間(分) 以上 未満	人数(人)
0 ～ 5	
5 ～10	
10～15	
15～20	
20～25	
合計	

とき方　① たとえば，②5は5分以上 [ ] 分未満

の階級に，⑥10は10分以上 [ ] 分未満の階

級に入ります。　　　　　　答え　右の表

② それぞれの区間は，10−5＝ [ ] （分）ごとに

区切られています。　　　答え [ ] 分

1組の通学時間

時間(分) 以上 未満	人数(人)
0 ～ 5	0
5 ～10	2
10～15	6
15～20	1
20～25	3
合計	12

③ 度数分布表より，いちばん度数が多いのは6で，その階級は10分以上

[ ] 分未満の階級になります。

答え　10分以上 [ ] 分未満の階級

---

1 右の表は，2組の通学時間の記録です。
あとの問題に答えましょう。

❶ 右の度数分布表を完成させましょう。

❷ この度数分布表で，階級の幅は何分で
すか。

　　　　　　　（　　　　　　　）

❸ いちばん度数が多い階級を答えましょう。

　　　　　　　　　　　　　　（　　　　　　　）

通学時間の
記録（単位 分）

2組			
①	3	⑦	21
②	16	⑧	14
③	18	⑨	11
④	9	⑩	18
⑤	15	⑪	24
⑥	13		

2組の通学時間

時間(分) 以上 未満	人数(人)
0 ～ 5	
5 ～10	
10～15	
15～20	
20～25	
合計	

この本もそうだけれど，本の裏にはバーコードが上と下に2つあるね。上の
コードは，世界中の本を特定するためのコード（「ISBNコード」）で，下の
コードは書店で本を分類して並べるときのためのものだよ。

例題2　ヒストグラム

右のヒストグラムは，6年生男子の身長
の記録を表しています。あとの問題に答
えましょう。

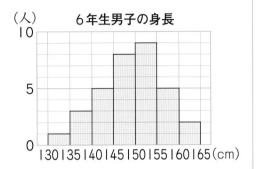

6年生男子の身長

① 155cm以上の人は何人いますか。

② 低いほうから数えて3番目の記録は，
どの階級に入っていますか。

③ 中央値のある階級をいいましょう。

とき方　① 155cm以上160cm未満の人が5人，160cm以上165cm未満の人
が2人います。　□ ＋ □ ＝ □ （人）　**答え** □ 人

② 130cm以上135cm未満の人が1人，135cm以上140cm未満の人が3人
いるので，　□ ＋ □ ＝ □ （人）より，低いほうから2番
目から4番目までの人はこの階級に入ります。

答え　135cm以上 □ cm未満

③ 全員の人数が33人なので，資料を大きさの順に並べた真ん中にくる値であ
る中央値（メジアン）は17番目がある階級になります。

145cm以上 □ cm未満の階級は，1＋3＋5＋8＝17（番目）まで
です。　　**答え**　145cm以上 □ cm未満

---

2 右のヒストグラムは，6年生女子の身長を
表しています。あとの問題に答えましょう。

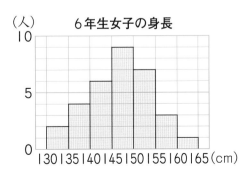

6年生女子の身長

❶ 140cm未満の人は何人いますか。

（　　　　　　　）

❷ 高いほうから数えて8番目の記録は，ど
の階級に入っていますか。

（　　　　　　　）

❸ 中央値のある階級をいいましょう。

（　　　　　　　）

28 度数分布表とヒストグラム, いろいろなグラフ

これまでに学習した
データのあつかい方を
総合的にまとめよう！

深めよう ★★★ ハイ レベル

① 右の表は, 15点満点のゲームをしたときの記録です。
あとの問題に答えましょう。

① ドットプロットで表しなさい。

ゲームの記録（単位 点）

① 5	⑥ 7	⑪ 13
② 11	⑦ 14	⑫ 4
③ 7	⑧ 8	⑬ 10
④ 9	⑨ 7	
⑤ 11	⑩ 8	

```
├──────┼──────┼──────┤
0      5      10     15(点)
```

② 右の度数分布表を完成させましょう。

③ ②のとき, 階級の幅は何点ですか。

（　　　　　　　）

④ ②のとき, 度数がいちばん大きい階級を答えましょう。

ゲームの記録

得点(点)	人数(人)
以上　未満 0〜 3	
3〜 6	
6〜 9	
9〜12	
12〜15	
合計	

（　　　　　　　）

② 右のヒストグラムは, 6年生男子のあく力
を表しています。あとの問題に答えましょう。

① 24kg以上の人は全体の何％ですか。

（　　　　　　　）

② 高いほうから数えて10番目の記録は, ど
の階級に入っていますか。

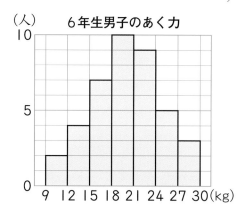

（　　　　　　　）

③ このデータの平均値を調べたところ, 20.5kgでした。平均値と中央値の差が
もっとも大きくなるのは, その差が何kgのときですか。

（　　　　　　　）

✦✦✦ できたらスゴイ！

❸ 右の表は，50m走の記録です。あとの問題に答えましょう。

50m走の記録（単位 秒）

① 9.2	⑥ 8.0	⑪ 8.5
② 7.9	⑦ 8.3	⑫ 9.0
③ 8.3	⑧ 9.1	⑬ 7.7
④ 9.0	⑨ 8.8	⑭ 8.7
⑤ 8.1	⑩ 9.7	⑮ 8.3

❶ 最大値から最小値をひいた差を求めましょう。

（　　　　　　　　）

❷ ドットプロットで表しましょう。

7.0　　7.5　　8.0　　8.5　　9.0　　9.5　　10.0(秒)

❸ 下の度数分布表を完成させましょう。

50m走の記録

時間(秒) 以上 未満	人数(人)
7.0～ 7.5	
7.5～ 8.0	
8.0～ 8.5	
8.5～ 9.0	
9.0～ 9.5	
9.5～10.0	
合計	

❹ 下の図にヒストグラムをかきましょう。

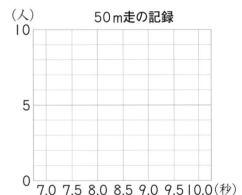

❺ ❸のとき，平均値を四捨五入して，上から2けたのがい数で求めましょう。

（　　　　　　　　）

❻ ❸のとき，最頻値を求めましょう。

（　　　　　　　　）

❼ ❸のとき，中央値を求めましょう。

（　　　　　　　　）

！ヒント
❸ 今までに学習したデータの整理のしかたをまとめるよ。一つ一つていねいに解こう。

「答えと考え方」を読んでおさらいしよう！　　125

思考力育成問題

答え ▶ 46ページ

日本の農業に関する読み物を読みながら，データを活用してみよう！

❓ 日本の農業について考えてみよう！

⭐「食料自給率」とは，食料の供給量(商品を生産し，販売しようとする量)に対する国内生産量の割合を表す数値です。次の計算式で求めることができます。

食料自給率(%)＝食料の国内生産量(t)÷食料の国内消費仕向量(t)×100

「食料の国内消費仕向量」は，国内市場に出回った食料の量のことです。
国内の食料生産が少なくなり，外国からの輸入に依存する度合いが強くなれば，食料自給率が下がります。

日本の食料自給率の低さが大きな問題となっています。世界的な気候変動や食糧不足により輸入量が制限されると，安定して食料を供給することができなくなってしまうからです。

食料自給率を引き上げるために，「荒廃農地」の発生をおさえることが対策の1つとしてあげられます。

荒廃農地とは，農作物の耕作が行われず，耕作の放棄(捨て去り，利用していないこと)により荒れてしまった土地のことです。農林水産省が毎年調査をしていて，通常では耕作が不可能であると判断した土地を，荒廃農地に指定します。

荒廃農地の発生の理由は，高齢化による労働力の不足や，農作物の価格が低くて収益が少ないために耕作をあきらめていることなどが考えられます。

次の図は，2020年11月に調査された47都道府県のそれぞれの荒廃農地の面積を，ヒストグラム(柱状グラフ)としてまとめたデータです。このデータを見て，あとの問題に答えましょう。

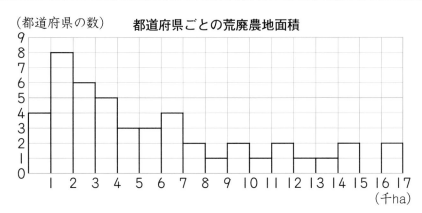

（都道府県の数）　**都道府県ごとの荒廃農地面積**

資料：農林水産省「令和2年の荒廃農地面積について」にもとづいて作成

❶ 2020年の豆類の国内生産量はおよそ290000t，国内消費仕向量はおよそ
3843000tでした。2020年の豆類の食料自給率はおよそ何%ですか。四捨五入
して，上から2けたのがい数で答えましょう。

（　　　　　　　　　）

❷ ヒストグラムを見て，度数がいちばん大きい階級を答えましょう。また，データの
中央値がふくまれる階級を答えましょう。

度数：（　　　　　　　　）ha以上（　　　　　　　　）ha未満の階級

中央値：（　　　　　　　　）ha以上（　　　　　　　　）ha未満の階級

❸ それぞれの階級の真ん中の値をとることを考えます。例えば，1000ha以上2000ha
未満の階級では，（1000＋2000）÷2＝1500(ha)です。この値を，その階級の階
級値といいます。それぞれの階級の合計値を，その階級値と度数との積とみなして
考えます。このとき，2020年11月の全国の荒廃農地の合計は何haになるか求め
ましょう。

（　　　　　　　　　）

！ヒント

❷ 中央値は，47都道府県の何番目の値かを考えよう。

❸ 階級の数が17あるので，工夫して計算していこう。

「答えと考え方」を読んでおさらいしよう！　**127**

しあげのテスト(1)

時間 45分　答え▶47ページ　満点 100点

1 次の問題に答えましょう。

(1) 次の計算をしましょう。

① $\dfrac{5}{18} \times 12$

② $5\dfrac{4}{9} \div 7$

③ $\dfrac{7}{16} \times \dfrac{4}{21} \times \dfrac{3}{10}$

④ $1\dfrac{1}{8} \div \dfrac{9}{16}$

⑤ $\dfrac{7}{3} \times \dfrac{9}{14} \div \dfrac{21}{8}$

⑥ $1\dfrac{2}{3} \div 1\dfrac{1}{4} \div \dfrac{8}{15}$

2 次の問題に答えましょう。円周率は3.14とします。

(1) 下の図について、あとの問題に答えましょう。

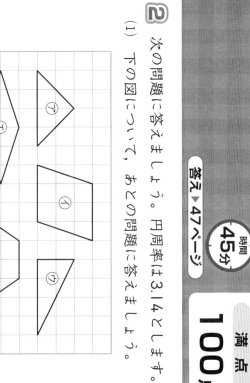

① 線対称な図形をすべて選び、記号で答えましょう。

② 点対称な図形をすべて選び、記号で答えましょう。

③ ①で答えた図形の対称の軸を図の中にかきこみましょう。

(2) 右の図形で、色のついた部

⑥ 縮図上の次の長さは、実際は何kmありますか。ただし、（　）の中は縮尺を表します。

(1) 16cm $\left(\dfrac{1}{5000}\right)$

(2) 3.5m （1：4000）

⑦ 下のヒストグラムは、ある学校の6年生の体重を表しています。あとの問題に答えましょう。

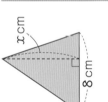

6年生の体重

③ 底辺の長さが8cmで高さが x cmの三角形の面積を y cm² とします。あとの問題に答えましょう。

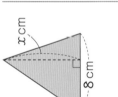

(1) x と y の関係を式に表しましょう。

(2) x の値が8.5のときの対応する y の値を求めましょう。

④ 兄と弟が1周1080mのジョギングコースを走ります。走る速さは兄が分速200m、弟が分速160mです。あとの問題に答えましょう。

(1) ジョギングコースの同じ場所から同時に出発して、反対向きに走るとき、兄と弟がはじめて出会うのは何分後ですか。

(2) ジョギングコースの同じ場所から同時に出発して、同じ向きに走るとき、兄が弟にはじめて追いつくのは何分後ですか。

25　30　35　40　45　50　55　60　65　(kg)

(1) 50kg以上の人は全体の何％ですか。

(2) 軽いほうから数えて20番目の体重は、どの階級に入っていますか。

(3) このデータの平均値は、43.5kgでした。平均値と中央値の差がもっとも大きくなるのは、その差が何kgのときですか。

---

5 下の表で、y は x に反比例しています。あとの問題に答えましょう。

x	1	①	4	③	8
y	4.8	1.6	②	0.8	④

(1) x と y の関係を、y の値を求める式で表しましょう。

(2) ①〜④にあてはまる数をそれぞれ求めましょう。

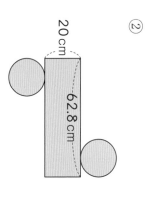

⑦ $\left(\dfrac{5}{6}+\dfrac{1}{8}\right)\times24$

⑧ $\dfrac{4}{7}\times8.6+\dfrac{4}{7}\times5.4$

⑨ $\dfrac{3}{4}\div0.84\times\dfrac{7}{15}$

⑩ $\dfrac{9}{4}\times\dfrac{14}{15}-0.75\div\dfrac{5}{8}$

(2) 次の比を簡単にしましょう。

① $1\dfrac{3}{7}:\dfrac{5}{4}$

② $3.75:\dfrac{30}{17}$

(3) 下の展開図を組み立ててできる四角柱や円柱の体積を求めましょう。

① 20cm 20cm

② 8cm　5cm　4cm　9cm　5cm　3cm

② 20cm　62.8cm

《問題は裏に続きます。》

算数 6年 オモテ③

3
(1) (2)

4
(1) (2)

5
(1)
(2) ① ② ③ ④

6
(1) (2)

7
(1) (2)
(3)

しあげのテスト(1) 解答用紙

学習した日｜　　月　　日

名前｜

※解答用紙の右にある採点欄の □ は、丸つけのときに使いましょう。

採点欄（さいてんらん）

	点数	配点
①	/24	1つ2点
②	/18	1つ3点
③	/8	1つ4点

①

(1) ① ② ③ ④ ⑤ ⑥ ⑦ ⑧ ⑨ ⑩

(2) ① ②

②

(1) ① ② ③

(2)

(3) ① ②

しあげのテスト(2)

時間 **45分**

満点 **100点**

答え ▶ 48ページ

※答えは、解答用紙の解答欄に書き入れましょう。

1 次の問題に答えましょう。

(1) 次の計算をしましょう。

① $\dfrac{12}{7} \div 9$

② $2\dfrac{3}{10} \times 5$

③ $3\dfrac{8}{9} \times \dfrac{6}{5}$

④ $1\dfrac{1}{6} \times \dfrac{15}{28} \times \dfrac{2}{9}$

⑤ $4\dfrac{1}{5} \div 1\dfrac{5}{9}$

⑥ $\dfrac{5}{2} \div 1\dfrac{11}{14} \times \dfrac{6}{7}$

2 次の問題に答えましょう。円周率は3.14とします。

(1) 次の図で、$\dfrac{1}{2}$の縮図をかきましょう。

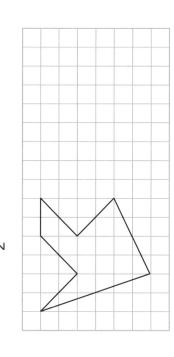

(2) 直径が2.5cm、5cm、10cm、20cmの円が右の図のように重なっています。色のついた部分の面積を求めましょう。

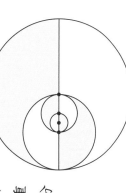

(3) 次の体積を求めましょう

③ 水の入っていない水そうにAの給水口だけから水を入れると30分でいっぱいになり、Bの給水口だけから水を入れると20分でいっぱいになります。あとの問題に答えましょう。

(1) 給水口A、Bの両方で水を入れると、何分でいっぱいになりますか。

(2) 給水口A、Cの両方で水を入れると、10分でいっぱいになりました。給水口Cだけだと、いっぱいになるまでに何分かかりますか。

(3) はじめはAだけで18分水を入れたあとに、残りをBだけで水を入れると、いっぱいになるのに全部で何分かかりますか。

④ 次の問題に答えましょう。

(1) 8kgの塩を、重さが11:9になるように分けます。何kgと何kgに分ければよいですか。

⑥ 袋の中に1、2、3、4、5の数字が書かれている玉が1個ずつ入っています。1個ずつ順番に取り出し、1個目の玉に書かれている数字を十の位、2個目の玉に書かれている数字を一の位、2けたの数をつくります。これについて、あとの問題に答えましょう。

(1) 奇数は何通りできますか。

(2) 3の倍数は何通りできますか。

⑦ 下の表は、A班、B班がそれぞれ夏休みに何冊本を読んだかを表しています。あとの問題に答えましょう。

夏休みに読んだ本の冊数(単位　冊)

A班		B班	
① 2	⑥ 5	① 4	⑥ 6
② 7	⑦ 5	② 4	⑦ 7
③ 5	⑧ 2	③ 5	⑧ 8
④ 4	⑨ 5	④ 4	⑨ 5
⑤ 5	⑩ 5	⑤ 5	⑤ 5

(2) AとBの比が7：3、BとCの比が5：2であるとき、A：B：Cを最も簡単な整数の比で表しましょう。

⑤ 右のグラフは、Aさんが歩いたときの時間と道のりを表しています。あとの問題に答えましょう。

(m)
400
350
300
250
200
150
100
50
0　　1　2　3　4　5 (分)

(1) 歩いた時間を x 分、道のりを y mとして、x と y の関係を、y の値を求める式で表しましょう。

(2) 歩いた時間が3分のときの道のりは何mですか。

(3) 道のりが100mのときの歩いた時間は何分ですか。

(1) A班の資料を、「●」を使ったドットプロットで表しましょう。

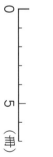

0　　　　5 (冊)

(2) 平均値で比べると、A班とB班ではどちらが多く読んだといえますか。

(3) 最頻値で比べると、A班とB班ではどちらが多く読んだといえますか。

① 右の展開図を組み立ててできる三角柱

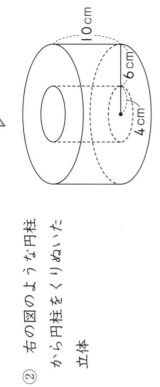

② 右の図のような円柱から円柱をくりぬいた立体

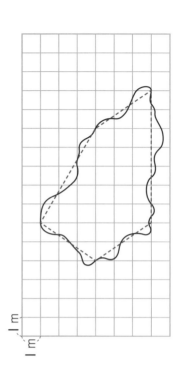

(4) 下の図のような形のおよその面積を、およその形を考えて求めましょう。

1m 1m

⑦ $\dfrac{3}{25} \times 7 + \dfrac{3}{25} \times 13$

⑧ $\left(\dfrac{2}{3} + \dfrac{1}{4}\right) \div \dfrac{5}{12}$

⑨ $\dfrac{5}{6} \times 4 \div \dfrac{3}{7} \times 1.8$

⑩ $\dfrac{33}{4} - 0.44 \div \dfrac{33}{75} \div 4$

(2) 次の比の値を求めましょう。

① 256：208

② $\dfrac{7}{9}$ ： $\dfrac{3}{4}$

5 ／8　1つ4点

6 ／15　1つ5点

7 ／8　1つ4点

／15　1つ5点

得点 ／100

3
(1)　(2)　(3)

4
(1)　(2)　(3)

5
(1)　(2)　(3)

6
(1)　(2)　(3)

7
(1)　(2)　(3)

(3)①　②
(4)

0　5　(冊)

《出題範囲》 ①…3章　⑤…5章　②…6章　③…4章　④…5章
⑤…10章　⑥…11章　⑦…12章

しあげのテスト(2) 解答用紙

学習した日｜　月　　日

名前｜

※解答用紙の右にある採点欄の ☐ は、丸つけのときに使いましょう。

採点欄
採点欄

1	／24
	1つ2点

2	／15
	1つ3点

3	／15
	1つ5点

1

(1)
①	②	③
④	⑤	⑥
⑦	⑧	⑨
⑩		

(2)① ②

2

(1)

(2)

トクとトクイになる！

小学ハイレベルワーク

算数 **6** 年

答えと考え方

「答えと考え方」は，
とりはずすことが
できます。

「WEBでもっと解説」
はこちらです。

標準 レベル+ 　4〜5ページ

例題1 ①エ, ア, ウ
②I, 2

1 ①イ, ウ
②イ ウ

例題2 ①E, E
②FE, ED, BC
③垂直, 垂直
④等し

2 ①
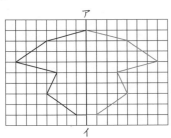

②
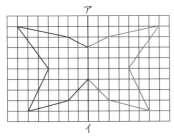

考え方

1 ① ⑦と㋓はどのようにして折っても, ぴったり
重なりません。
② ⑰の図形には対称の軸が2本あることに注
意しましょう。

2 ① 下の図のように, 点Bに対応する点Lを, 目も
りを数えながら決めていきます。点C, D, E,
F も同じよ
うにして,
点K, J, I,
H を決めて,
直線で結び
ます。

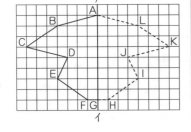

1 ①⑦, ㋑, ㋒, ㋓, ㋔, ㋕, ㋗
②I本…⑦, ㋓, ㋗　　　2本…㋑, ㋒
3本以上…㋔, ㋕

2 ①辺JK　　②辺GF
③垂直に交わっている。
④直線HQ…直線IQ, 直線DQ…直線MQ

3 ①Icm　　②垂直に交わっている。
③3本　　④3本

4 ①
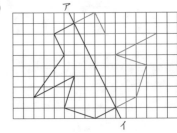

②
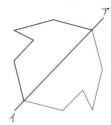

考え方

1 ② ㋔, ㋕は正方形で対称の軸は4本あります。

2 ① 点Aに点Jが, 点Bに点Kが対応します。
② 点Aに点Gが, 点Bに点Fが対応します。
③, ④ 正九角形では, ある頂点から向かい合う
辺に垂直な線をひくと, その辺の真ん中の点
を通ります。したがって, 直線HQ＝直線IQ,
また, 合同な正九角形なので, 直線DQ＝直線
MQ となります。

3 ① 直線ALと直線アイとの交点をMとすると,
Mは直線ALの真ん中の点になります。
　　直線ALの長さは2cmなので, 直線AMの
長さは, 2÷2＝I(cm)になります。
② 右の図のように, 直線BK
と直線アイとの交点をNと
すると, ❶と同じようにし
て, Nは直線BKの真ん中の
点になります。直線CJと

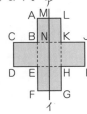

BKは同じ直線上にあるので，直線CN＝直線JNとなります。これより，点CとJは直線アイに対して対称な点となるので，直線CJと対称の軸アイは垂直に交わります。

❸ 右の図のように，この図形の対称の軸は，直線アイ，直線ウエ，直線BH，直線KEの４本あります。

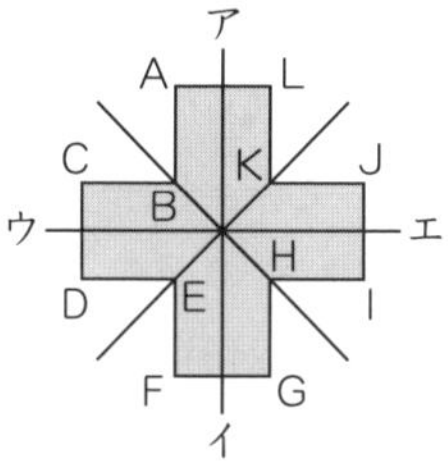

❹ 上の図で，直線ウエを対称の軸と考えると，直線CIに対応するのは直線DJになります。同じようにして，直線AG，FLも同じ長さになることがわかります。したがって，直線CIと長さが等しい直線は，直線CIをふくめて４本あります。

4 ❶ 目もりの数を「左に２つ下に１つ」というように数えて，対称な点はその反対に「右に２つ上に１つ」と数えて決めていくようにしましょう。

❷ 下の図のように，順番に図をかいていきましょう。

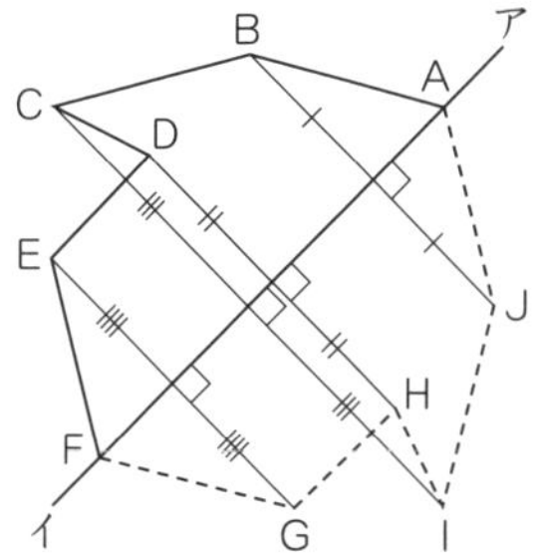

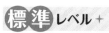

標準レベル＋　8〜9ページ

例題１　①180，㋐，㋓

②対応，対応

1 ❶㋑，㋒

❷㋑ 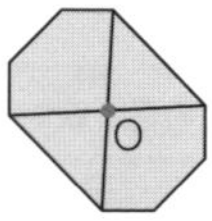

㋒ 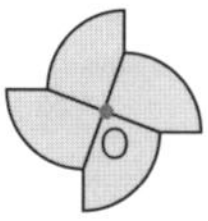

例題２　①D，E，A

②EF，FA，BC

③合同，合同

④等し

2 ❶

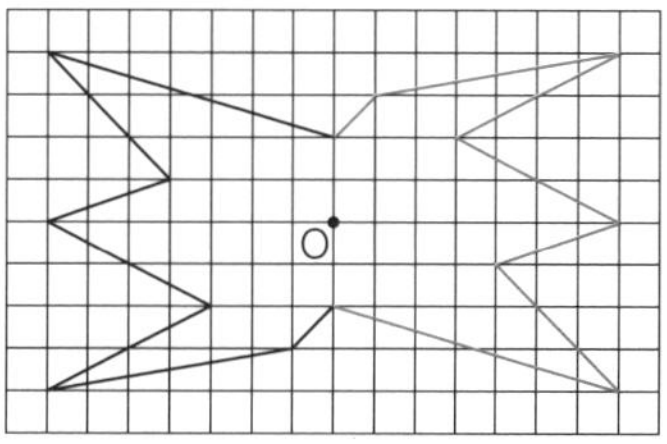

❷

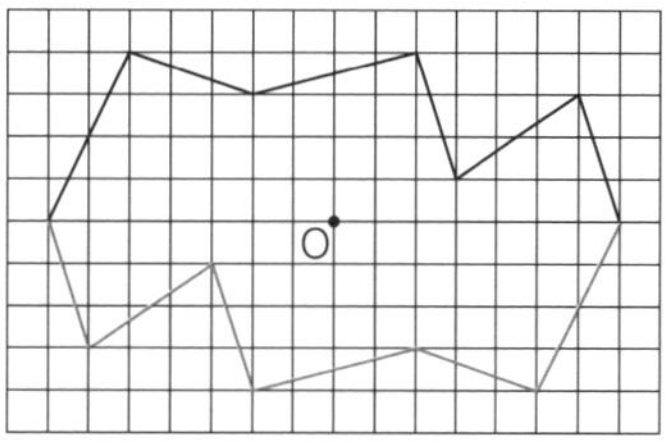

考え方

1 ❶ ㋐は線対称ですが点対称ではありません。㋓は線対称でも点対称でもありません。

2 ❶ 下の図のように，点Bに対応する点Iを，目もりを数えながら決めていきます。点C，D，E，F，Gも同じようにして，点J，K，L，M，Nを決めて，直線で結びます。

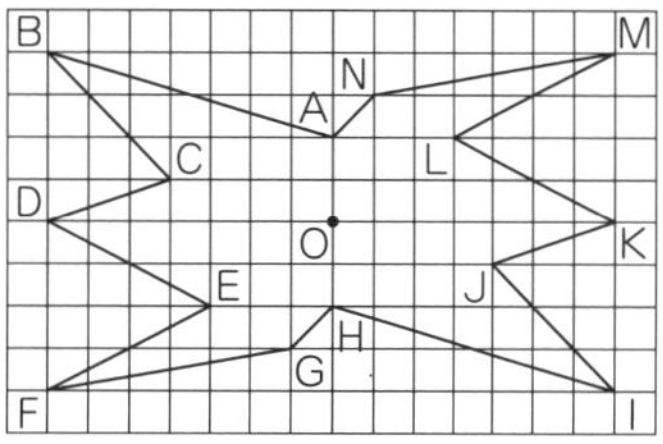

ハイレベル＋＋　10〜11ページ

1 ❶㋐，㋔

❷㋐ 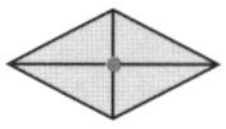
㋔ 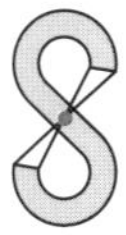

❸㋐

2 ❶対称の中心　❷点H…点C，点F…点A

3 ❶

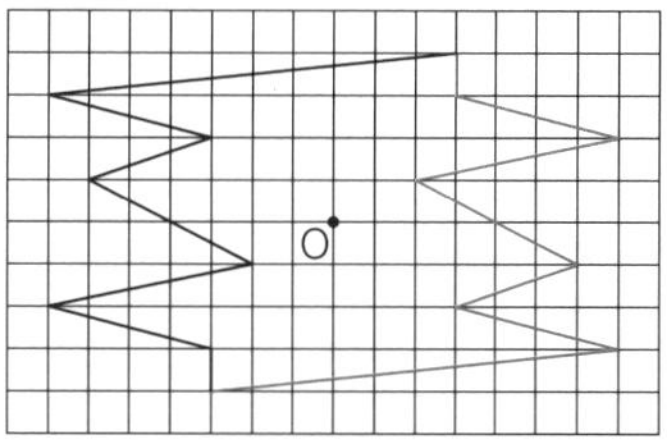

❷

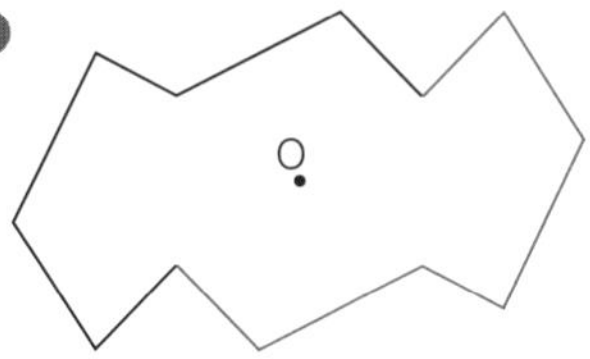

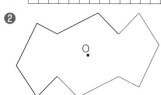

❹ ❶辺EF ❷4cm

　　❸37°

❺ ❶1cm ❷5cm

　　❸2本 ❹3本

考え方

❶ ❶ 1つの点のまわりに180°回転させたとき，もとの形にぴったり重なる図形をすべて探しましょう。

❷ 点対称な図形では対応する頂点を結んだときに同じ点(対称の中心)で交わります。このことから，ある点と対称の中心を結べば，対応する点を見つけることができます。

❷ ❶ 点Bに点Gが，点Eに点Jが対応しているので，この交わった点は対称の中心となります。

❷ 点Hと点Oを結んだ先にある点はCになります。点Fと点Oを結んだ先にある点はAになります。

❸ ❶ 目もりの数を，対称の中心Oから「左に3つ上に2つ」というように数えて，対称な点はその反対に対称の中心Oから「右に3つ下に2つ」と数えて決めていくようにしましょう。

❷ 下の図のように，順番に図をかいていきましょう。

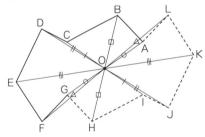

❹ ❶ 点Aに点Eが，点Bに点Fが対応しているので，辺ABに対応する辺は辺EFとなります。

❷ 辺BCに対応する辺は，辺FGなので，辺BCの長さは4cmになります。

❸ 角Fに対応する角は，角Bなので，角Fの大きさは37°になります。

❺ ❶ 対称の中心をOとするから，点Qに対応する点はGで，QGの長さは問題文より，正方形の1辺の長さ2cmになります。したがって，OQの長さは，2÷2=1(cm)となります。

❷ 右の図のように，対称の中心をOとするから，点Aに対応する点はJで，直線OAと長さが等しいのは，直線OJになります。よって，直線OJの長さは，OA=5cmなので，OJ=5cmとなります。

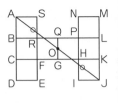

❸ 右の図のように，線対称の対称の軸は直線アイ，直線ウエの2本あります。どちらも対称の中心Oを必ず通ります。

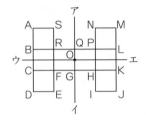

❹ 直線OAと長さが等しい直線は，❷で求めた直線OJの他には，次の2つが考えられます。直線アイを対称の軸と考えた場合は，直線OAに対応するのは直線OMになります。また，直線ウエを対称の軸と考えた場合は直線OAに対応するのは直線ODになります。したがって，直線OAと長さが等しい直線は，直線OAをふくめて4本あります。

標準レベル+ 12〜13ページ

例題1 ①⑦, 2, 2, 4

②点対称

1

	線対称	対称の軸の数	点対称
平行四辺形	×	0	○
長方形	○	2	○
ひし形	○	2	○
正方形	○	4	○

例題2 ①5, 6, 7, 8

②

2

	線対称	対称の軸の数	点対称
正五角形	○	5	×
正六角形	○	6	○
正七角形	○	7	×
正八角形	○	8	○

1️⃣ 平行四辺形のすべての角の大きさを直角にしたものが長方形で，すべての辺の長さを同じにしたものがひし形で，すべての角の大きさを直角にし，すべての辺の長さを同じにしたものが正方形です。したがって，平行四辺形は点対称なので，⑦〜④はすべて点対称な図形になります。

また，四角形で線対称な図形は，例題1 で示したように長方形，ひし形，正方形の他に下の図の2つの四角形が線対称な図形であることが知られています。左の図形はAB＝AD，BC＝DCの四角形（たこの形に似ているのでたこ形とも呼ばれます。），右の図形はADとBCが平行でかつ，AB＝DCの台形（くわしくは等脚台形といいます。）です。

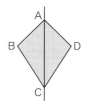

2️⃣ 正多角形では，辺の数が偶数のものが点対称であることが知られています。また，すべての正多角形は線対称な図形で，対称の軸の数は辺の数と同じになります。

ハイレベル＋＋ 14〜15ページ

1️⃣ ❶ ④，④
　❷ ④
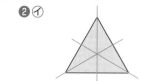

2️⃣ ❶台形（等脚台形）
　❷⑦，⑦
　❸⑦
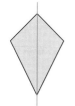

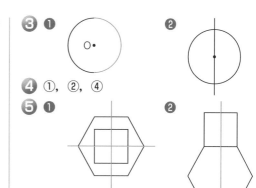

3️⃣ ❶　❷

4️⃣ ①，②，④

5️⃣ ❶　❷

❸いえる。

6️⃣ 105°

1️⃣ ❶ 3つの辺の長さが異なる三角形⑦は線対称な図形にはなりません。また，直角をはさむ2つの辺の長さが異なる直角三角形⑦も線対称な図形にはなりません。

　❷ ④の正三角形には対称の軸が3本あります。また，④の二等辺三角形には対称の軸が1本あります。

2️⃣ ❶，❷ 左の 1️⃣ で説明したとおりです。

3️⃣ ❶ 半円の中心Oにコンパスの針をさして，同じ半径になるように，右側に円をつなげてかきましょう。

　❷ 円の対称の軸は，円の中心Oを通る直線であればどこにかいても正解です。円の対称の軸は無数にあります。

4️⃣ ③ 点対称な図形の中で，対称の中心となる点が2つある図形はありません。必ず，対称の中心となる点は1つになります。

　⑤ どんな図形でも，1つの点を中心に180度回転させるともとの図形に重ね合わせることができるとは限りません。また，そのような点はたくさんありません。あっても1つだけです。

　⑥ 線対称な図形では，対応する点どうしを結ぶ直線と対称の軸の交わった点から対応する点までのきょりは同じになります。

5️⃣ ❶，❷ 正方形と正六角形に共通した対称の軸を見つけましょう。

　❸ 図1は，2つの対称の軸が交わる点を中心とする点対称の図形といえます。

❻ 右の図のように，いくつ
かの頂点を線で結び，点A
〜Eをとります。１辺の長
さがそれぞれ等しい正六角

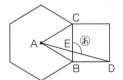

形と正方形なので，AB，AC，BC，BDはすべて
等しい長さになります。したがって，三角形ABC
は正三角形になるので，角ABCの大きさは60°
になります。また，正方形の角なので，角CBDの
大きさは90°になります。これより，角ABDの大
きさは，60°＋90°＝150°になります。さらに，
三角形ABDは二等辺三角形なので，角BDAと角
BADの大きさは，（180°−150°）÷2＝15°にな
ります。

角BEDが180°−（90°＋15°）＝75°なので，角
⑮の大きさは，180°−75°＝105°になります。

別解 角⑮の大きさは，三角形ABEの角の大き
さから，180°−（60°＋15°）＝105°と求めるこ
ともできます。

🔅 思考力育成問題　16〜17ページ

❶（例）約数が１とその数しかない
（約数の個数が１とその数の2個しかない）
❷（例）323＝17×19で，素数の積で表されるから
（323は17（または19）の約数をもつから）
❸③簡単　　　　　　　④難しい
❹　5，7，11

考え方

❶ 約数が１とその数しかない数のことを素数（そす
う・くわしくは中学校で学習します。）といいま
す。ただし，１は約数を１の１個しかもっていな
いので素数とはいいません。注意しましょう。

たとえば，2，3，5，7，11，13，17，19，
23，29などで，偶数の素数は2の１つしかなく，
それ以外の素数はすべて奇数です。

この素数を使って，ある整数をその整数よりも
小さな素数のかけ算として表すことを素因数分解
（そいんすうぶんかい・中学校で学習します。）と
いいます。

たとえば，6＝2×3，105＝3×5×7などのよ
うに素因数分解することができます。

❷ 大変ですが，323を小さいほうの素数から順番
にわっていく計算を地道に行っていくしかありま
せん。

323÷2＝161.5，323÷3＝107.6…，
323÷5＝64.6，323÷7＝46.1…，
323÷11＝29.3…，323÷13＝24.8…，
323÷17＝19

となるので，19は素数だから，323を素因数分
解すると，323＝17×19と表すことができま
す。たとえば，19にあたる数がまだ他の素数でわ
ることができるときは，さらに素因数分解の計算
を進めなければいけませんので注意しましょう。

たとえば，144を素因数分解してみましょう
（❹でも使います）。

144÷2＝72，72÷2＝36，36÷2＝18，
18÷2＝9，9÷3＝3

となるので，

9＝3×3，18＝3×3×2，36＝3×3×2×2，
72＝3×3×2×2×2，
144＝3×3×2×2×2×2

となります。

素数は小さい順に書くきまりがあります。この
ことから，144＝2×2×2×2×3×3と素因数分
解することができます。

参考 右のようにわり算を上下逆にし
たような形の連続した計算方法もあ
ります。
（すだれのように見えるので，すだ
れ算ともいいます。）

```
2) 144
2)  72
2)  36
2)  18
3)   9
     3
```

❸ 2つの素数の積で表される数をつくることは，2
つの素数を決めればよいので簡単につくれます。
しかし，ある数を2つの素数の積に分けることは
❷のことからもわかるように簡単ではありません。

❹ ❷で計算したように，144を素因数分解すると，
144＝2×2×2×2×3×3となるので，2や3を
約数にもたない整数は，すべて144と互いに素
になります。したがって，求める答えは，5，7，
11の3つになります。

参考 秘密の情報を暗号にするために複雑な手順
を用いますが，その中で素数の知識を使うこと
が知られています。

暗号にする手順のうち誰でも見ることのできるものを「公開鍵」といいます。「RSA暗号」と呼ばれる暗号は2つの素数をもとに公開鍵をつくります。

例えば、2つの素数17, 19を考えます（実際のけた数はもっと大きい）。この2つの素数からそれぞれ1をひいた、16と18の最小公倍数をとります。今回は144になります。

17と19を使うとしたら、その積323と、144の互いに素な整数（❹の答え）の2つが公開鍵になります。

公開鍵は誰にでも見ることができますが、この情報だけでは、公開鍵だけで暗号を元にもどすこと(復号という)は難しくなります。復号には元々の2つの素数17と19を求める必要があります。素数の知識を使えば、見られたくない情報を第三者からかくすことができます。

2章 文字と式

標準 レベル+　18〜19ページ

例題1 ①折る, 残りの
②20, 80, 45, 55, 80, 55

1 ❶ $80 \times x$
❷ $x=5 \cdots 400$円, $x=12 \cdots 960$円

2 ❶ $x \times 4 = y$
❷ $x=8 \cdots y=32$, $x=20 \cdots y=80$

例題2 ①4, 4　　②13, 13
③7, 7　　④30, 30
⑤6, 6　　⑥8, 8

3 ❶4　　❷8
❸9　　❹24
❺2　　❻7

4 ❶ $x \times 5 + 60 = 810$
❷150円

考え方

1 ❶ みかんの代金は、（みかん1個の値段）×（みかんの個数）で求められます。
　したがって、$80 \times x$（円）
❷ ❶の式の x に5, 12をそれぞれあてはめて

計算します。
$80 \times 5 = 400$(円), $80 \times 12 = 960$(円)

2 ❶ ひし形のまわりの長さは、（1辺の長さ）×4で求められます。したがって、$x \times 4 = y$
❷ ❶の式の x に8, 20をそれぞれあてはめて計算します。
$8 \times 4 = y$ より、$y=32$,
$20 \times 4 = y$ より、$y=80$

3 ❶ $x+5=9$　　　　❷ $x-2=6$
　$x=9-5$　　　　　$x=6+2$
　$x=4$　　　　　　$x=8$
❸ $x \times 7 = 63$　　❹ $x \div 3 = 8$
　$x=63 \div 7$　　　$x=8 \times 3$
　$x=9$　　　　　　$x=24$
❺ $23-x=21$　　❻ $28 \div x = 4$
　$x=23-21$　　　$x=28 \div 4$
　$x=2$　　　　　　$x=7$

4 ❶ （ボールペン1本の値段）×5＋（えん筆1本の値段）＝（代金）で求められます。
　したがって、$x \times 5 + 60 = 810$
❷ ❶の式より、$x \times 5 = 810 - 60$, $x \times 5 = 750$, $x = 750 \div 5$, $x = 150$(円)

ハイ レベル++　20〜21ページ

1 ❶ $150 \times x + 50$
❷ $x=9 \cdots 1400$円, $x=21 \cdots 3200$円

2 ❶ $x \times 6 \div 2 = y$　（$x \times 3 = y$）
❷ $x=8 \cdots y=24$, $x=10.5 \cdots y=31.5$

3 ❶ $15-x=y$
❷ $x \div 5 = y$
❸ $30 \times x = y$
❹ $x + 150 = y$

4 ❶1.5　　　　❷11
❸4.5　　　　❹27.3
❺1.6　　　　❻2.6

5 ❶ $x \times 2 \times 3.14 = y$　（$x \times 6.28 = y$）
❷ $y = 94.2$
❸ $x = 13$

6 ❶ $(x \times 4 + 500) \div 3 = 3900$
❷2800円

考え方

❶ **①** (りんご1個の値段)×x＋(箱代)＝(代金)で求められます。したがって，$150×x+50$

② ❶の式のxに9，21をそれぞれあてはめて計算します。$150×9+50=1400$(円)，$150×21+50=3200$(円)

❷ **①** ひし形の面積は，(1つの対角線の長さ)×(もう1つの対角線の長さ)÷2＝(面積)で求められます。したがって，$x×6÷2=y$

別解 $6÷2$を先に計算して，$x×3=y$としてもよいです。

② ❶の式のxに8，10.5をそれぞれあてはめて計算します。

$8×6÷2=y$より，$y=24$

$10.5×6÷2=y$より，$y=31.5$

❸ **①** (ロウソクの長さ)－(燃えた長さ)＝(残りの長さ)で求められます。したがって，$15-x=y$

② (あめの個数)÷(日数)＝(1日に食べる個数)で求められます。したがって，$x÷5=y$

③ (せんべいの値段)×(枚数)＝(代金)で求められます。したがって，$30×x=y$

④ (牛乳の量)＋(コーヒーの量)＝(コーヒー牛乳の量)で求められます。したがって，$x+150=y$

❹ **①** $x+4.7=6.2$ 　　**②** $x-1.9=9.1$
　　　$x=6.2-4.7$ 　　　　　$x=9.1+1.9$
　　　$x=1.5$ 　　　　　　　$x=11$

③ $x×5.4=24.3$ 　　**④** $x÷6.5=4.2$
　　$x=24.3÷5.4$ 　　　　$x=4.2×6.5$
　　$x=4.5$ 　　　　　　　$x=27.3$

⑤ $15.2-x=13.6$
　　　$x=15.2-13.6$
　　　$x=1.6$

⑥ $6.5÷x=2.5$
　　　$x=6.5÷2.5$
　　　$x=2.6$

❺ **①** (半径×2)×(円周率)＝(円のまわりの長さ)で求められます。したがって，$x×2×3.14=y$

別解 $2×3.14$を先に計算して，$x×6.28=y$としてもよいです。

② ❶の式のxに15をあてはめて計算します。

$15×2×3.14=y$，$y=94.2$

③ ❶の式のyに81.64をあてはめて計算します。$x×2×3.14=81.64$，

$x=81.64÷3.14÷2$，$x=13$

❻ **①** 〔(マンゴー1個の値段)×4＋(箱代)〕÷3＝(1人の金額)で求められます。

したがって，$(x×4+500)÷3=3900$

② ❶の式より，$x×4+500=3900×3$，

$x×4+500=11700$，$x×4=11700-500$，

$x×4=11200$，$x=11200÷4$，$x=2800$

3章 分数のかけ算とわり算

標準 レベル＋ 　　　22〜23ページ

例題1 2，$\dfrac{4}{5}$，$\dfrac{4}{5}$，$\dfrac{4}{5}$

❶ **①** $\dfrac{9}{4}$ $\left(2\dfrac{1}{4}\right)$ 　　**②** $\dfrac{22}{3}$ $\left(7\dfrac{1}{3}\right)$

③ $\dfrac{25}{6}$ $\left(4\dfrac{1}{6}\right)$ 　　**④** $\dfrac{16}{7}$ $\left(2\dfrac{2}{7}\right)$

⑤ $\dfrac{4}{3}$ $\left(1\dfrac{1}{3}\right)$ 　　**⑥** $\dfrac{21}{8}$ $\left(2\dfrac{5}{8}\right)$

❷ **①** $\dfrac{20}{3}$ $\left(6\dfrac{2}{3}\right)$ 　　**②** $\dfrac{9}{2}$ $\left(4\dfrac{1}{2}\right)$

③ $\dfrac{21}{5}$ $\left(4\dfrac{1}{5}\right)$ 　　**④** $\dfrac{22}{3}$ $\left(7\dfrac{1}{3}\right)$

⑤ 8 　　**⑥** $\dfrac{25}{6}$ $\left(4\dfrac{1}{6}\right)$

例題2 2，$\dfrac{3}{10}$，$\dfrac{3}{10}$，$\dfrac{3}{10}$

❸ **①** $\dfrac{1}{35}$ 　　**②** $\dfrac{3}{8}$ 　　**③** $\dfrac{5}{42}$

④ $\dfrac{7}{36}$ 　　**⑤** $\dfrac{4}{33}$ 　　**⑥** $\dfrac{9}{65}$

❹ **①** $\dfrac{1}{6}$ 　　**②** $\dfrac{2}{33}$ 　　**③** $\dfrac{1}{12}$

④ $\dfrac{7}{85}$ 　　**⑤** $\dfrac{2}{7}$ 　　**⑥** $\dfrac{2}{45}$

考え方

❶ **②** $\dfrac{2}{3}×11=\dfrac{2×11}{3}=\dfrac{22}{3}$ $\left(7\dfrac{1}{3}\right)$

❷ **⑤** $\dfrac{4}{13}×26=\dfrac{4×\overset{2}{\cancel{26}}}{\underset{1}{\cancel{13}}}=8$

⑥ $\dfrac{5}{18}×15=\dfrac{5×\overset{5}{\cancel{15}}}{\underset{6}{\cancel{18}}}=\dfrac{25}{6}$ $\left(4\dfrac{1}{6}\right)$

3 ⑥ $\dfrac{9}{13} \div 5 = \dfrac{9}{13 \times 5} = \dfrac{9}{65}$

4 ④ $\dfrac{14}{17} \div 10 = \dfrac{\overset{7}{\cancel{14}}}{17 \times \cancel{10}} = \dfrac{7}{85}$

⑥ $\dfrac{8}{15} \div 12 = \dfrac{\overset{2}{\cancel{8}}}{15 \times \cancel{12}} = \dfrac{2}{45}$

ハイ レベル ++　　24〜25ページ

① ① $\dfrac{14}{5}\ \left(2\dfrac{4}{5}\right)$ 　② $\dfrac{25}{2}\ \left(12\dfrac{1}{2}\right)$

③ $\dfrac{28}{3}\ \left(9\dfrac{1}{3}\right)$ 　④ $\dfrac{3}{20}$

⑤ $\dfrac{2}{35}$ 　⑥ $\dfrac{3}{56}$

② ① $\dfrac{10}{3}\ \left(3\dfrac{1}{3}\right)$ 　② $\dfrac{5}{2}\ \left(2\dfrac{1}{2}\right)$

③ $\dfrac{5}{3}\ \left(1\dfrac{2}{3}\right)$ 　④ $\dfrac{3}{35}$

⑤ $\dfrac{3}{16}$ 　⑥ $\dfrac{2}{33}$

③ ① $\dfrac{64}{7}\ \left(9\dfrac{1}{7}\right)$ 　② $\dfrac{36}{5}\ \left(7\dfrac{1}{5}\right)$

③ 69 　④ $\dfrac{7}{30}$

⑤ $\dfrac{2}{3}$ 　⑥ $\dfrac{13}{7}\ \left(1\dfrac{6}{7}\right)$

④ 式 $1\dfrac{3}{7} \times 12 = \dfrac{120}{17}$ 　答え $\dfrac{120}{17}$kg $\left(17\dfrac{1}{7}\text{kg}\right)$

⑤ 式 $16\dfrac{3}{7} \div 15 = \dfrac{23}{21}$ 　答え $\dfrac{23}{21}$kg $\left(1\dfrac{2}{21}\text{kg}\right)$

⑥ 式 $\dfrac{2}{3} \times 5 + \dfrac{5}{6} \times 7 + \dfrac{1}{4} \times 9 = \dfrac{137}{12}$

答え $\dfrac{137}{12}$L $\left(11\dfrac{5}{12}\text{L}\right)$

⑦ 式 $1\dfrac{2}{3} \times 4 = \dfrac{20}{3}$ 　答え $\dfrac{20}{3}$倍 $\left(6\dfrac{2}{3}\text{倍}\right)$

⑧ 56

考え方

① ⑥ $\dfrac{9}{14} \div 12 = \dfrac{\overset{3}{\cancel{9}}}{14 \times \cancel{12}} = \dfrac{3}{56}$

② ① $\square \div 5 = \dfrac{2}{3}$, $\square = \dfrac{2}{3} \times 5 = \dfrac{2 \times 5}{3} = \dfrac{10}{3}\ \left(3\dfrac{1}{3}\right)$

② $\square \div 6 = \dfrac{5}{12}$, $\square = \dfrac{5}{12} \times 6 = \dfrac{5 \times \cancel{6}}{\cancel{12}} = \dfrac{5}{2}\ \left(2\dfrac{1}{2}\right)$

③ $\square \div 8 = \dfrac{5}{24}$, $\square = \dfrac{5}{24} \times 8 = \dfrac{5 \times \overset{1}{\cancel{8}}}{\underset{3}{\cancel{24}}} = \dfrac{5}{3}\ \left(1\dfrac{2}{3}\right)$

④ $\square \times 7 = \dfrac{3}{5}$, $\square = \dfrac{3}{5} \div 7 = \dfrac{3}{5 \times 7} = \dfrac{3}{35}$

⑤ $\square \times 5 = \dfrac{15}{16}$, $\square = \dfrac{15}{16} \div 5 = \dfrac{\overset{3}{\cancel{15}}}{16 \times \cancel{5}} = \dfrac{3}{16}$

⑥ $9 \times \square = \dfrac{6}{11}$, $\square = \dfrac{6}{11} \div 9 = \dfrac{\overset{2}{\cancel{6}}}{11 \times \cancel{9}} = \dfrac{2}{33}$

③ ⑥ $7\dfrac{3}{7} \div 4 = \dfrac{52}{7} \div 4 = \dfrac{\overset{13}{\cancel{52}}}{7 \times \cancel{4}} = \dfrac{13}{7}\ \left(1\dfrac{6}{7}\right)$

④ $1\dfrac{3}{7} \times 12 = \dfrac{10}{7} \times 12 = \dfrac{10 \times 12}{7} = \dfrac{120}{7}\ \left(17\dfrac{1}{7}\right)$

⑤ $16\dfrac{3}{7} \div 15 = \dfrac{115}{7} \div 15 = \dfrac{\overset{23}{\cancel{115}}}{7 \times \cancel{15}} = \dfrac{23}{21}\ \left(1\dfrac{2}{21}\right)$

⑥ それぞれのジュースの量を計算すると，

$\dfrac{2}{3}$L入りのジュースが5本で，$\dfrac{2}{3} \times 5 = \dfrac{2 \times 5}{3} = \dfrac{10}{3}$

$\dfrac{5}{6}$L入りのジュースが7本で，$\dfrac{5}{6} \times 7 = \dfrac{5 \times 7}{6} = \dfrac{35}{6}$

$\dfrac{1}{4}$L入りのジュースが9本で，$\dfrac{1}{4} \times 9 = \dfrac{1 \times 9}{4} = \dfrac{9}{4}$

分母の最小公倍数が12だから，あわせて，

$\dfrac{10}{3} + \dfrac{35}{6} + \dfrac{9}{4} = \dfrac{40}{12} + \dfrac{70}{12} + \dfrac{27}{12} = \dfrac{137}{12}\ \left(11\dfrac{5}{12}\right)$

⑦ りかさんはひろこさんの $1\dfrac{2}{3}$ 倍のおはじきを持っているので，ひろこさんのおはじきを□個とすると，りかさんは，$\square \times 1\dfrac{2}{3}$ (個)持っています。また，あけみさんはりかさんの4倍のおはじきを持っているので，あけみさんは，

$\square \times 1\dfrac{2}{3} \times 4$ (個)持っています。

これより，あけみさんはひろこさんの

$1\dfrac{2}{3} \times 4 = \dfrac{5}{3} \times 4 = \dfrac{5 \times 4}{3} = \dfrac{20}{3}\ \left(6\dfrac{2}{3}\right)$(倍)

のおはじきを持っています。

⑧ ある数を□とすると，まちがえた式は，

$\square \div 6 = 1\dfrac{5}{9}$ となります。これより，$\square = \dfrac{14}{9} \times 6$

$= \dfrac{28}{3}$ だから，ある数が $\dfrac{28}{3}$ とわかります。

したがって，正しい答えは，$\dfrac{28}{3} \times 6 = 56$

例題1　① $\dfrac{3}{4}$, $\dfrac{15}{28}$, $\dfrac{15}{28}$, $\dfrac{15}{28}$

　　　② $\dfrac{7}{15}$, $\dfrac{7}{15}$

1　❶ $\dfrac{4}{63}$　　❷ $\dfrac{9}{50}$　　❸ $\dfrac{63}{110}$

2　❶ $\dfrac{2}{5}$　　❷ $\dfrac{7}{27}$　　❸ $\dfrac{3}{14}$

例題2　① $\dfrac{8}{9}$, $\dfrac{8}{9}$　　② $\dfrac{1}{2}$, $\dfrac{1}{2}$

　　　③ $\dfrac{10}{21}$, $\dfrac{10}{21}$

3　❶ $\dfrac{6}{5}$ $\left(1\dfrac{1}{5}\right)$　　❷ $\dfrac{10}{3}$ $\left(3\dfrac{1}{3}\right)$

　　❸ $\dfrac{14}{3}$ $\left(4\dfrac{2}{3}\right)$

4　❶ $\dfrac{2}{3}$　　❷ $\dfrac{49}{20}$ $\left(2\dfrac{9}{20}\right)$

　　❸ $\dfrac{5}{4}$ $\left(1\dfrac{1}{4}\right)$　　❹ $\dfrac{12}{5}$ $\left(2\dfrac{2}{5}\right)$

　　❺ 8　　❻ $\dfrac{9}{2}$ $\left(4\dfrac{1}{2}\right)$

5　❶ $\dfrac{2}{3}$　　❷ $\dfrac{4}{15}$　　❸ $\dfrac{9}{28}$

考え方

1　❸ $\dfrac{9}{11} \times \dfrac{7}{10} = \dfrac{9 \times 7}{11 \times 10} = \dfrac{63}{110}$

2　❷ $\dfrac{7}{12} \times \dfrac{4}{9} = \dfrac{7 \times 4}{12 \times 9} = \dfrac{7}{27}$

　　❸ $\dfrac{9}{16} \times \dfrac{8}{21} = \dfrac{9 \times 8}{16 \times 21} = \dfrac{3}{14}$

3　❸ $12 \times \dfrac{7}{18} = \dfrac{12}{1} \times \dfrac{7}{18} = \dfrac{12 \times 7}{1 \times 18} = \dfrac{14}{3}$ $\left(4\dfrac{2}{3}\right)$

4　❺ $2\dfrac{2}{9} \times 3\dfrac{3}{5} = \dfrac{20}{9} \times \dfrac{18}{5} = \dfrac{20 \times 18}{9 \times 5} = 8$

　　❻ $3\dfrac{3}{8} \times 1\dfrac{1}{3} = \dfrac{27}{8} \times \dfrac{4}{3} = \dfrac{27 \times 4}{8 \times 3} = \dfrac{9}{2}$ $\left(4\dfrac{1}{2}\right)$

5　❷ $\dfrac{5}{9} \times \dfrac{6}{7} \times \dfrac{14}{25} = \dfrac{5 \times 6 \times 14}{9 \times 7 \times 25} = \dfrac{4}{15}$

　　❸ $\dfrac{7}{20} \times \dfrac{15}{13} \times \dfrac{39}{49} = \dfrac{7 \times 15 \times 39}{20 \times 13 \times 49} = \dfrac{9}{28}$

1　❶ $\dfrac{20}{7}$ $\left(2\dfrac{6}{7}\right)$ ❷ $\dfrac{3}{4}$　　❸ 1

　　❹ 6　　❺ $\dfrac{5}{6}$　　❻ $\dfrac{3}{32}$

2　❶ $\dfrac{18}{7}$ $\left(2\dfrac{4}{7}\right)$ ❷ 16　　❸ $\dfrac{27}{80}$

　　❹ $\dfrac{3}{8}$　　❺ $\dfrac{3}{10}$　　❻ $\dfrac{1}{15}$

3　❶ $\dfrac{4}{9}$　　　　　❷ $\dfrac{3}{2}$ $\left(1\dfrac{1}{2}\right)$

　　❸ $\dfrac{3}{2}$ $\left(1\dfrac{1}{2}\right)$　　❹ 1

　　❺ 6　　　　　❻ $\dfrac{23}{2}$ $\left(11\dfrac{1}{2}\right)$

4　式 $30 \times 2\dfrac{1}{6} = 65$　　答え 65円

5　❶ ＞　　❷ ＜　　❸ ＞

6　式 $\dfrac{4}{7} \times \dfrac{2}{3} \times \dfrac{7}{8} = \dfrac{1}{3}$　　答え $\dfrac{1}{3}$ cm³

7　式 $2 \times \dfrac{1}{5} = \dfrac{2}{5}$, $2 - \dfrac{2}{5} = \dfrac{8}{5}$

　　答え $\dfrac{8}{5}$ L $\left(1\dfrac{3}{5}$ L$\right)$

8　式 $36 - 36 \times \dfrac{4}{9} = 20$

　　$20 - 20 \times \dfrac{1}{5} = 16$　　答え 16人

9　式 $144 - 144 \times \dfrac{1}{3} = 96$

　　$96 - 96 \times \dfrac{1}{4} = 72$　　答え 72ページ

考え方

5　❶ $1\dfrac{2}{7}$ は1より大きいから, $3 \times 1\dfrac{2}{7} > 3$

　　❷ $\dfrac{3}{4}$ は1より小さいから, $\dfrac{3}{5} \times \dfrac{3}{4} < \dfrac{3}{5}$

　　❸ $\dfrac{7}{6}$ は1より大きいから, $\dfrac{2}{3} \times \dfrac{7}{6} > \dfrac{2}{3}$

6　$\dfrac{4}{7} \times \dfrac{2}{3} \times \dfrac{7}{8} = \dfrac{4 \times 2 \times 7}{7 \times 3 \times 8} = \dfrac{1}{3}$

7　飲んだジュースが, $2 \times \dfrac{1}{5} = \dfrac{2 \times 1}{5} = \dfrac{2}{5}$ (L)で,

　　残りのジュースが, $2 - \dfrac{2}{5} = \dfrac{10}{5} - \dfrac{2}{5} = \dfrac{8}{5}$ $\left(1\dfrac{3}{5}\right)$(L)

別解 残りのジュースの割合を求めて計算すると，

$$2 \times \left(1 - \frac{1}{5}\right) = 2 \times \frac{4}{5} = \frac{2 \times 4}{5} = \frac{8}{5} \left(1\frac{3}{5}\right)(L)$$

8 下の図より，女子の人数は，

$$36 - 36 \times \frac{4}{9} = 36 - \frac{\overset{4}{36} \times 4}{9} = 36 - 16 = 20 (人)$$

今日，出席している女子は，

$$20 - 20 \times \frac{1}{5} = 20 - \frac{\overset{4}{20} \times 1}{5} = 20 - 4 = 16 (人)$$

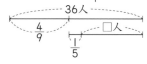

別解 残りのものの割合を求めて計算すると，

$$36 \times \left(1 - \frac{4}{9}\right) \times \left(1 - \frac{1}{5}\right) = 36 \times \frac{5}{9} \times \frac{4}{5}$$

$$= \frac{\overset{4}{36} \times \overset{1}{5} \times 4}{\underset{1}{9} \times \underset{1}{5}} = 16 (人)$$

9 下の図より，残りのページ数は，

$$144 - 144 \times \frac{1}{3} = 144 - \frac{\overset{48}{144} \times 1}{3} = 144 - 48$$

$$= 96 (ページ)$$

今日の残りのページ数は，

$$96 - 96 \times \frac{1}{4} = 96 - \frac{\overset{24}{96} \times 1}{4} = 96 - 24$$

$$= 72 (ページ)$$

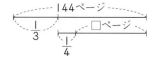

別解 残りのものの割合を求めて計算すると，

$$144 \times \left(1 - \frac{1}{3}\right) \times \left(1 - \frac{1}{4}\right) = 144 \times \frac{2}{3} \times \frac{3}{4}$$

$$= \frac{\overset{36}{144} \times 2 \times \overset{1}{3}}{\underset{1}{3} \times \underset{1}{4}} = 72 (ページ)$$

標準 レベル＋ 　　30〜31ページ

例題1 ① $\frac{3}{5}$, $\frac{20}{21}$, $\frac{20}{21}$

② $\frac{3}{4}$, $\frac{3}{4}$

1 ❶ $\frac{9}{4}$ 　　❷ $\frac{1}{7}$ 　　❸ $\frac{9}{11}$

2 ❶ $\frac{15}{8} \left(1\frac{7}{8}\right)$ 　　❷ $\frac{27}{13} \left(2\frac{1}{13}\right)$

❸ 6

例題2 ① $\frac{12}{13}$, $\frac{12}{13}$ 　　② $\frac{7}{5} \left(1\frac{2}{5}\right)$, $\frac{7}{5} \left(1\frac{2}{5}\right)$

③ $\frac{4}{3} \left(1\frac{1}{3}\right)$, $\frac{4}{3} \left(1\frac{1}{3}\right)$

3 ❶ $\frac{14}{3} \left(4\frac{2}{3}\right)$ 　　❷ $\frac{10}{3} \left(3\frac{1}{3}\right)$ 　　❸ 18

4 ❶ $\frac{2}{3}$ 　　❷ $\frac{6}{5} \left(1\frac{1}{5}\right)$ 　　❸ $\frac{5}{9}$

5 ❶ $\frac{2}{9}$ 　　❷ $\frac{1}{2}$ 　　❸ $\frac{5}{4} \left(1\frac{1}{4}\right)$

考え方

1 ❷ $7 = \frac{7}{1}$ だから，7の逆数は $\frac{1}{7}$ になります。

❸ $1\frac{2}{9} = \frac{11}{9}$ だから，$1\frac{2}{9}$ の逆数は $\frac{9}{11}$ になります。

2 ❸ $\frac{9}{10} \div \frac{3}{20} = \frac{9}{10} \times \frac{20}{3} = \frac{\overset{3}{9} \times \overset{2}{20}}{\underset{1}{10} \times \underset{1}{3}} = 6$

3 ❷ $4 \div \frac{6}{5} = 4 \times \frac{5}{6} = \frac{\overset{2}{4} \times 5}{\underset{3}{6}} = \frac{10}{3} \left(3\frac{1}{3}\right)$

❸ $15 \div \frac{5}{6} = 15 \times \frac{6}{5} = \frac{\overset{3}{15} \times 6}{\underset{1}{5}} = 18$

4 ❷ $2\frac{1}{5} \div 1\frac{5}{6} = \frac{11}{5} \times \frac{6}{11} = \frac{\overset{1}{11} \times 6}{5 \times \underset{1}{11}} = \frac{6}{5} \left(1\frac{1}{5}\right)$

❸ $2\frac{1}{3} \div 4\frac{1}{5} = \frac{7}{3} \times \frac{5}{21} = \frac{\overset{1}{7} \times 5}{3 \times \underset{3}{21}} = \frac{5}{9}$

5 ❸ $\frac{5}{16} \div \frac{15}{32} \div \frac{8}{15} = \frac{5}{16} \times \frac{32}{15} \times \frac{15}{8}$

$$= \frac{\overset{1}{5} \times \overset{2}{32} \times \overset{1}{15}}{\underset{1}{16} \times \underset{1}{15} \times \underset{4}{8}} = \frac{5}{4} \left(1\frac{1}{4}\right)$$

ハイ レベル＋＋ 　　32〜33ページ

1 ❶ $\frac{24}{5} \left(4\frac{4}{5}\right)$ 　　❷ $\frac{9}{4} \left(2\frac{1}{4}\right)$

❸ 3 　　❹ $\frac{24}{35}$

❺ $\frac{1}{3}$ 　　❻ $\frac{2}{3}$

2 ❶ $\frac{18}{5} \left(3\frac{3}{5}\right)$ 　　❷ 4

❸ $\frac{35}{32} \left(1\frac{3}{32}\right)$ 　　❹ $\frac{3}{4}$

⑤ $\frac{9}{7}$ $\left(1\frac{2}{7}\right)$ ⑥ $\frac{1}{3}$

❸ ① $\frac{1}{4}$ ② $\frac{1}{9}$ ③ 1

④ $\frac{1}{2}$ ⑤ $\frac{1}{6}$ ⑥ $\frac{15}{8}$ $\left(1\frac{7}{8}\right)$

❹ 式　$120÷2\frac{2}{5}=50$ 答え　50円

❺ ❶ >   ❷ <   ❸ <

❻ ①, ③, ②

❼ 式　$\frac{7}{6}×\frac{16}{7}÷2=\frac{4}{3}$

答え　$\frac{4}{3}$cm² $\left(1\frac{1}{3}\text{cm}^2\right)$

❽ ❶ 式　$10\frac{4}{5}÷\frac{3}{4}=\frac{72}{5}$

答え　$\frac{72}{5}$g $\left(14\frac{2}{5}\text{g}\right)$

❷ 式　$\frac{3}{4}÷10\frac{4}{5}=\frac{5}{72}$ 答え　$\frac{5}{72}$m

❾ 式　$5\frac{3}{4}÷\frac{5}{6}=6\frac{9}{10}$, $5\frac{3}{4}-\frac{5}{6}×6=\frac{3}{4}$

答え　6人に配れて$\frac{3}{4}$m余る。

考え方

❶ ⑥ $\frac{4}{9}×\frac{7}{5}÷\frac{14}{15}=\frac{4}{9}×\frac{7}{5}×\frac{15}{14}=\frac{4×7×15}{9×5×14}$
$=\frac{2}{3}$

❷ ② $□=10×\frac{2}{5}=\frac{10×2}{5}=4$

⑤ $□=\frac{4}{5}×\frac{6}{7}÷\frac{8}{15}=\frac{4}{5}×\frac{6}{7}×\frac{15}{8}$
$=\frac{4×6×15}{5×7×8}=\frac{9}{7}$ $\left(1\frac{2}{7}\right)$

❸ ③ $1\frac{1}{2}÷1\frac{2}{3}÷\frac{9}{10}=\frac{3}{2}×\frac{3}{5}×\frac{10}{9}$
$=\frac{3×3×10}{2×5×9}=1$

❹ $120÷2\frac{2}{5}=120×\frac{5}{12}=\frac{120×5}{12}=50$

❺ ① $\frac{7}{9}$は1より小さいから、$6÷\frac{7}{9}>6$

② $\frac{6}{5}$は1より大きいから、$\frac{5}{6}÷\frac{6}{5}<\frac{5}{6}$

③ $1\frac{1}{3}$は1より大きいから、$\frac{3}{4}÷1\frac{1}{3}<\frac{3}{4}$

❻ ① $5×\frac{2}{3}=\frac{10}{3}=\frac{20}{6}$

② $5÷\frac{2}{3}=\frac{15}{2}=\frac{45}{6}$

③ $5-\frac{2}{3}=\frac{13}{3}=\frac{26}{6}$ だから、$\frac{20}{6}<\frac{26}{6}<\frac{45}{6}$

より、①<③<②となります。

❼ $\frac{7}{6}×\frac{16}{7}÷2=\frac{7}{6}×\frac{16}{7}×\frac{1}{2}$

$=\frac{7×16×1}{6×7×2}=\frac{4}{3}$ $\left(1\frac{1}{3}\right)$

❽ ❶ $10\frac{4}{5}÷\frac{3}{4}=\frac{54}{5}×\frac{4}{3}=\frac{54×4}{5×3}=\frac{72}{5}$ $\left(14\frac{2}{5}\right)$

❷ $\frac{3}{4}÷10\frac{4}{5}=\frac{3}{4}×\frac{5}{54}=\frac{3×5}{4×54}=\frac{5}{72}$

❾ $5\frac{3}{4}÷\frac{5}{6}=\frac{23}{4}×\frac{6}{5}=\frac{23×6}{4×5}=\frac{69}{10}=6\frac{9}{10}$

となるから、配れる人数は6人となります。

配ったリボンの長さは、$\frac{5}{6}×6=5$(m)になる

ので、余りは、$5\frac{3}{4}-5=\frac{3}{4}$(m)となります。

標準レベル+   34～35ページ

例題1　① $\frac{7}{10}$, $\frac{7}{10}$ ② $\frac{17}{100}$, $\frac{4}{15}$, $\frac{4}{15}$

1 ❶ 1   ❷ $\frac{9}{10}$

❸ $\frac{1}{3}$ ❹ $\frac{3}{5}$

❺ $\frac{8}{5}$ $\left(1\frac{3}{5}\right)$ ❻ $\frac{9}{4}$ $\left(2\frac{1}{4}\right)$

2 ❶ $\frac{7}{4}$ $\left(1\frac{3}{4}\right)$ ❷ $\frac{25}{3}$ $\left(8\frac{1}{3}\right)$

❸ $\frac{12}{5}$ $\left(2\frac{2}{5}\right)$ ❹ $\frac{2}{5}$

❺ $\frac{10}{9}$ $\left(1\frac{1}{9}\right)$ ❻ $\frac{15}{8}$ $\left(1\frac{7}{8}\right)$

例題2 ①5, 6, 11, 11
② $\dfrac{5}{7}$, $\dfrac{21}{11}$, $\dfrac{15}{11}$ $\left(1\dfrac{4}{11}\right)$, $\dfrac{15}{11}$ $\left(1\dfrac{4}{11}\right)$

3 ❶ $\dfrac{4}{7}$ ❷ $\dfrac{8}{5}$ $\left(1\dfrac{3}{5}\right)$
  ❸19 ❹7
  ❺19 ❻ $\dfrac{47}{7}$ $\left(6\dfrac{5}{7}\right)$

4 ❶6 ❷15 ❸ $\dfrac{11}{4}$ $\left(2\dfrac{3}{4}\right)$

考え方

1 ❺ $\dfrac{2}{3} \times 0.4 \div \dfrac{1}{6} = \dfrac{2}{3} \times \dfrac{2}{5} \times \dfrac{6}{1} = \dfrac{2 \times 2 \times \overset{2}{\cancel{6}}}{\cancel{3} \times 5 \times 1}$
$= \dfrac{8}{5}$ $\left(1\dfrac{3}{5}\right)$

2 ❻ $1.2 \div 16 \times 20 \div 0.8 = \dfrac{6}{5} \times \dfrac{1}{16} \times \dfrac{20}{1} \times \dfrac{5}{4}$
$= \dfrac{\overset{3}{\cancel{6}} \times 1 \times \overset{5}{\cancel{20}} \times 5}{5 \times \underset{8}{\cancel{16}} \times 1 \times 4} = \dfrac{15}{8}$ $\left(1\dfrac{7}{8}\right)$

3 ❻ $\dfrac{12}{7} \times \left(\dfrac{5}{3} + \dfrac{9}{4}\right) = \dfrac{12}{7} \times \dfrac{5}{3} + \dfrac{12}{7} \times \dfrac{9}{4}$
$= \dfrac{\overset{4}{\cancel{12}} \times 5}{7 \times \underset{}{\cancel{3}}} + \dfrac{\overset{3}{\cancel{12}} \times 9}{7 \times \underset{}{\cancel{4}}} = \dfrac{20}{7} + \dfrac{27}{7} = \dfrac{47}{7}$ $\left(6\dfrac{5}{7}\right)$

4 ❸ $2\dfrac{7}{9} \times \dfrac{11}{12} + \dfrac{2}{9} \times \dfrac{11}{12} = \left(2\dfrac{7}{9} + \dfrac{2}{9}\right) \times \dfrac{11}{12}$
$= 3 \times \dfrac{11}{12} = \dfrac{\overset{}{\cancel{3}} \times 11}{\underset{4}{\cancel{12}}} = \dfrac{11}{4}$ $\left(2\dfrac{3}{4}\right)$

ハイ レベル++ 36～37ページ

1 ❶ $\dfrac{18}{5}$ $\left(3\dfrac{3}{5}\right)$ ❷23
  ❸24 ❹ $\dfrac{28}{25}$ $\left(1\dfrac{3}{25}\right)$
  ❺ $\dfrac{5}{9}$ ❻2

2 ❶9 ❷ $\dfrac{9}{13}$
  ❸10 ❹9.9
  ❺ $\dfrac{7}{8}$ ❻ $\dfrac{10}{9}$ $\left(1\dfrac{1}{9}\right)$

3 ❶ $\dfrac{5}{6}$ ❷ $\dfrac{1}{3}$
  ❸ $\dfrac{15}{16}$ ❹ $\dfrac{3}{5}$

❺ $\dfrac{7}{3}$ $\left(2\dfrac{1}{3}\right)$ ❻ $\dfrac{3}{2}$ $\left(1\dfrac{1}{2}\right)$

4 ❶ $\dfrac{13}{10}$ $\left(1\dfrac{3}{10}\right)$ ❷ $\dfrac{79}{12}$ $\left(6\dfrac{7}{12}\right)$
  ❸ $\dfrac{15}{11}$ $\left(1\dfrac{4}{11}\right)$ ❹ $\dfrac{3}{25}$

5 式 $2 \times \dfrac{5}{6} \div 1.5 = \dfrac{10}{9}$ 答え $\dfrac{10}{9}$ $\left(1\dfrac{1}{9}\right)$

6 式 $1.25 \times \dfrac{3}{5} \div 2 = \dfrac{3}{8}$ 答え $\dfrac{3}{8}$ cm²

7 ❶7 ❷ $\dfrac{80}{27}$ $\left(2\dfrac{26}{27}\right)$

考え方

1 ❻ $\dfrac{9}{10} \div 0.375 \times \dfrac{5}{6} = \dfrac{9}{10} \div \dfrac{3}{8} \times \dfrac{5}{6}$
$= \dfrac{9}{10} \times \dfrac{8}{3} \times \dfrac{5}{6} = \dfrac{\cancel{9} \times \overset{2}{\cancel{8}} \times \cancel{5}}{\cancel{10} \times \cancel{3} \times \cancel{6}} = 2$

2 ❷ $\left(\dfrac{1}{2} + \dfrac{2}{5}\right) \div \dfrac{13}{10} = \dfrac{1}{2} \div \dfrac{13}{10} + \dfrac{2}{5} \div \dfrac{13}{10}$
$= \dfrac{1}{2} \times \dfrac{10}{13} + \dfrac{2}{5} \times \dfrac{10}{13} = \dfrac{1 \times \overset{5}{\cancel{10}}}{\cancel{2} \times 13} + \dfrac{2 \times \overset{2}{\cancel{10}}}{\cancel{5} \times 13}$
$= \dfrac{5}{13} + \dfrac{4}{13} = \dfrac{9}{13}$

❻ $\dfrac{10}{11} \times \dfrac{7}{9} + \dfrac{4}{9} \times \dfrac{10}{11} = \dfrac{7}{9} \times \dfrac{10}{11} + \dfrac{4}{9} \times \dfrac{10}{11}$
$= \left(\dfrac{7}{9} + \dfrac{4}{9}\right) \times \dfrac{10}{11} = \dfrac{11}{9} \times \dfrac{10}{11} = \dfrac{\cancel{11} \times 10}{9 \times \cancel{11}}$
$= \dfrac{10}{9}$ $\left(1\dfrac{1}{9}\right)$

3 ❻ $\dfrac{4}{5} \div \dfrac{3}{7} \times 0.625 \div \dfrac{7}{9} = \dfrac{4}{5} \times \dfrac{7}{3} \times \dfrac{5}{8} \times \dfrac{9}{7}$
$= \dfrac{\cancel{4} \times \cancel{7} \times \cancel{5} \times \overset{3}{\cancel{9}}}{\cancel{5} \times \cancel{3} \times \underset{2}{\cancel{8}} \times \cancel{7}} = \dfrac{3}{2}$ $\left(1\dfrac{1}{2}\right)$

4 ❹ $1\dfrac{1}{5} \div 4.2 \times 0.49 - \dfrac{1}{24} \div 2\dfrac{1}{12}$
$= \dfrac{6}{5} \div \dfrac{21}{5} \times \dfrac{49}{100} - \dfrac{1}{24} \div \dfrac{25}{12}$
$= \dfrac{6}{5} \times \dfrac{5}{21} \times \dfrac{49}{100} - \dfrac{1}{24} \times \dfrac{12}{25}$
$= \dfrac{\overset{}{\cancel{6}} \times \cancel{5} \times \overset{7}{\cancel{49}}}{\cancel{5} \times \cancel{21} \times \underset{50}{\cancel{100}}} - \dfrac{1 \times \overset{}{\cancel{12}}}{\underset{2}{\cancel{24}} \times 25} = \dfrac{7}{50} - \dfrac{1}{50}$
$= \dfrac{6}{50} = \dfrac{3}{25}$

13

⑤ $2 \times \dfrac{5}{6} \div 1.5 = \dfrac{2}{1} \times \dfrac{5}{6} \times \dfrac{2}{3} = \dfrac{\overset{1}{\cancel{2}} \times 5 \times 2}{1 \times \underset{3}{\cancel{6}} \times 3}$

$= \dfrac{10}{9} \left(1\dfrac{1}{9}\right)$

⑥ $1.25 \times \dfrac{3}{5} \div 2 = \dfrac{5}{4} \times \dfrac{3}{5} \times \dfrac{1}{2} = \dfrac{\overset{1}{\cancel{5}} \times 3 \times 1}{4 \times \underset{1}{\cancel{5}} \times 2} = \dfrac{3}{8}$

⑦ ❶ $\dfrac{5}{6} \div \dfrac{2}{□} = 2\dfrac{2}{3} + \dfrac{1}{4} = \dfrac{8}{3} + \dfrac{1}{4} = \dfrac{32}{12} + \dfrac{3}{12} = \dfrac{35}{12}$

$\dfrac{2}{□} = \dfrac{5}{6} \div \dfrac{35}{12} = \dfrac{5}{6} \times \dfrac{12}{35} = \dfrac{\overset{1}{\cancel{5}} \times \overset{2}{\cancel{12}}}{\underset{1}{\cancel{6}} \times \underset{7}{\cancel{35}}} = \dfrac{2}{7}$

より，□＝7となります。

❷ $8 \div □ = 1\dfrac{3}{4} \times 1\dfrac{3}{5} - \dfrac{1}{10} = \dfrac{7}{4} \times \dfrac{8}{5} - \dfrac{1}{10}$

$= \dfrac{7 \times \overset{2}{\cancel{8}}}{\underset{1}{\cancel{4}} \times 5} - \dfrac{1}{10} = \dfrac{14}{5} - \dfrac{1}{10} = \dfrac{28}{10} - \dfrac{1}{10}$

$= \dfrac{27}{10}$　$8 \div □ = \dfrac{27}{10}$ より，$□ = 8 \div \dfrac{27}{10}$

$= 8 \times \dfrac{10}{27} = \dfrac{8 \times 10}{27} = \dfrac{80}{27} \left(2\dfrac{26}{27}\right)$

4章 速さと割合の問題

標準レベル＋ 　38〜39ページ

例題1 ① 24，$\dfrac{2}{3}$，24，$\dfrac{2}{3}$

② $\dfrac{1}{12}$，48，48

❶ ❶ 10分　❷ 18秒　❸ 15時間

❹ $\dfrac{2}{3}$時間　❺ $\dfrac{3}{5}$分　❻ $\dfrac{7}{12}$日

❷ 式 50分＝$\dfrac{5}{6}$時間，$10 \div \dfrac{5}{6} = 12$

答え 時速12km

例題2 ① $\dfrac{3}{10}$，12，12

② $\dfrac{2}{3}$，$\dfrac{2}{3}$，$\dfrac{2}{3}$，40，40

❸ 式 54分＝$\dfrac{9}{10}$時間，$80 \times \dfrac{9}{10} = 72$

答え 72km

❹ 式 $3.6 \div 18 = \dfrac{1}{5}$，$\dfrac{1}{5}$時間＝12分

答え 12分

考え方

❶ ❸ 1日は24時間だから，$24 \times \dfrac{5}{8} = 15$（時間）

❻ 14時間＝$\dfrac{14}{24}$日＝$\dfrac{7}{12}$日

❷ 50分＝$\dfrac{50}{60}$時間＝$\dfrac{5}{6}$時間で，

（速さ）＝（道のり）÷（時間）だから，

$10 \div \dfrac{5}{6} = 10 \times \dfrac{6}{5} = 12$（km）

❸ 54分＝$\dfrac{54}{60}$時間＝$\dfrac{9}{10}$時間で，

（道のり）＝（速さ）×（時間）だから，

$80 \times \dfrac{9}{10} = 72$（km）

❹ （時間）＝（道のり）÷（速さ）だから，

$3.6 \div 18 = \dfrac{18}{5} \times \dfrac{1}{18} = \dfrac{1}{5}$（時間）

$\dfrac{1}{5}$時間＝$\left(60 \times \dfrac{1}{5}\right)$分＝12分

ハイレベル＋＋ 　40〜41ページ

❶ ❶ 28分　❷ 160秒　❸ 28時間

❹ $\dfrac{17}{24}$時間　❺ $\dfrac{27}{50}$分　❻ $\dfrac{13}{8}\left(1\dfrac{5}{8}\right)$日

❷ 式 $\dfrac{3}{5}$分＝36秒，$36 \div 36 = 1$

答え 秒速1m

❸ 式 36秒＝$\dfrac{3}{5}$分，$\dfrac{5}{6} \times \dfrac{3}{5} \times 1000 = 500$

答え 500m

❹ 式 $\dfrac{5}{8} \div 75 = \dfrac{1}{120}$，$\dfrac{1}{120}$時間＝30秒

答え 30秒

❺ 式 2秒＝$\dfrac{1}{1800}$時間，$5\dfrac{5}{9}$m＝$\dfrac{1}{180}$km

$\dfrac{1}{180} \div \dfrac{1}{1800} = 10$　答え 時速10km

❻ ❶① 2　② 7　③ 30　❷ $\dfrac{3}{5}$

❼ 式 $30 \div 50 = \dfrac{3}{5}$，3分35秒＝215秒，

$\dfrac{3}{5} \times 215 = 129$　答え 129枚

❽ 式 毎時720L＝毎分12L，

$450 \div 12 = 37.5$（分）→ 37分30秒

答え 37分30秒

❾ ❶ **式** $180 \div 12 = 15$, 5分$=300$秒,

$15 \times 300 = 4500$, 4分30秒$=4\frac{1}{2}$分,

$4500 \div 4\frac{1}{2} = 1000$ **答え** 分速1000m

❷ **式** 時速14.4km$=$分速240m,

$4500 \div 240 = 18\frac{3}{4}$(分) → 18分45秒

答え 18分45秒

考え方

❷ $\frac{3}{5}$分$=\left(\frac{3}{5} \times 60\right)$秒$=36$秒, $36 \div 36 = 1$

より, 秒速1mとなります。

❸ 36秒$=\frac{36}{60}$分$=\frac{3}{5}$分, $\frac{5}{6} \times \frac{3}{5} \times 1000 = 500$(m)

❹ $\frac{5}{8} \div 75 = \frac{1}{120}$,

$\frac{1}{120}$時間$=\left(\frac{1}{120} \times 3600\right)$秒$=30$秒

❺ 2秒$=\frac{2}{3600}$時間$=\frac{1}{1800}$時間,

$5\frac{5}{9}$m$=\left(\frac{50}{9} \times \frac{1}{1000}\right)km=\frac{1}{180}$kmより,

自転車の速さは, $\frac{1}{180} \div \frac{1}{1800} = 10$で,

時速10kmとなります。

❻ ❶ $\frac{17}{8}$時間$=2\frac{1}{8}$時間,

$\frac{1}{8}$時間$=\left(\frac{1}{8} \times 60\right)$分$=7\frac{1}{2}$分,

$\frac{1}{2}$分$=\left(\frac{1}{2} \times 60\right)$秒$=30$秒

❷ 2160秒$=\frac{2160}{3600}$時間$=\frac{3}{5}$時間

❼ 1秒間に何枚コピーできるかの割合を分数で表すと, $30 \div 50 = \frac{3}{5}$(枚)となります。

3分35秒$=(3 \times 60 + 35)$秒$=215$秒だから, コピーできる枚数は, $\frac{3}{5} \times 215 = 129$(枚)となります。

❽ 毎時を毎分になおすと,

毎時720L$=$毎分$(720 \div 60)$L$=$毎分12L

いっぱいにするのにかかる時間は,

$450 \div 12 = 37.5$(分)で, 0.5分$=30$秒だから,

37分30秒になります。

❾ ❶ 学校から駅までの道のりを求めると, バスの秒速は, $180 \div 12 = 15$(m)で, 5分$=300$秒だから, $15 \times 300 = 4500$(m)になります。自動車の速さは,

4分30秒$=4$分$\frac{30}{60}$分$=4\frac{1}{2}$分だから,

$4500 \div 4\frac{1}{2} = 1000$で, 分速$1000$mになります。

❷ 時速14.4km$=$時速14.4×1000m

$=$分速$(14400 \div 60)$m$=$分速240mだから,

かかる時間は, $4500 \div 240 = 18\frac{3}{4}$(分)

$\frac{3}{4}$分$=\left(60 \times \frac{3}{4}\right)$秒$=45$秒より, 18分45秒

標準 レベル+ 　42~43ページ

例題1 ①$120$, 120, 10, 10

②$20$, 20, 5, 5

1 ❶ **式** $80 + 60 = 140$, $1120 \div 140 = 8$

答え 8分後

❷ **式** $80 - 60 = 20$, $120 \div 20 = 6$

答え 6分後

例題2 ①$1600$, 1600, 100, 100

②$160$, 160, 15, 15

2 ❶ **式** $1040 - 240 = 800$, $800 \div 16 = 50$

答え 50秒

❷ **式** $130 - 30 = 100$, $2400 \div 100 = 24$

答え 24分

考え方

1 ❶ 2人は1分間に$80 + 60 = 140$(m)近づきます。したがって, 2人が出会うまでにかかる時間は, $1120 \div 140 = 8$(分)になります。

別解 上のことをまとめて式で表すと,

$1120 \div (80 + 60) = 8$(分)になります。

❷ 2人は1分間に$80 - 60 = 20$(m)近づきます。したがって, 追いつくまでにかかる時間は, $120 \div 20 = 6$(分)になります。

別解 上のことをまとめて式で表すと,

$120 \div (80 - 60) = 6$(分)になります。

2 **❶** 列車がトンネルに入り終わってから出始めるまでに進む道のりは，トンネルの長さから列車の長さをひいた長さに等しいから，$1040-240=800$（m）になります。したがって，かかる時間は，$800÷16=50$（秒）になります。

別解 上のことをまとめて式で表すと，$(1040-240)÷16=50$（秒）になります。

❷ （上りの速さ）＝（船の速さ）−（流れの速さ）より，上りの船の速さは，$130-30=100$（m）になります。したがって，かかる時間は，$2400÷100=24$（分）になります。

別解 上のことをまとめて式で表すと，$240÷(130-30)=24$（分）になります。

ハイ レベル++ 　44〜45ページ

❶ **❶** 式 $75+60=135$，$810÷135=6$
答え **6分後**

❷ 式 $75-60=15$，$810÷15=54$
答え **54分後**

❷ **❶** 式 $192÷8=24$ 答え **秒速24m**

❷ 式 $24×48=1152$，$1152+192=1344$
答え **1344m**

❸ **❶** 式 $12÷1.5=8$，$8+2=10$
答え **時速10km**

❷ 式 $10+2=12$，$12÷12=1$ 答え **1時間**

❹ **❶** 式 $60×5=300$，$240-60=180$，
$300÷180=1\frac{2}{3}$ → 1分40秒
答え **1分40秒後**

❷ 式 $240×1\frac{2}{3}=400$ 答え **400m**

❺ **❶** 式 時速57.6km＝秒速16m，
$16×38=608$，$608+300=908$
答え **908m**

❷ 式 $1140+300=1440$，$1440÷16=90$
答え **90秒**

❻ **❶** 式 $50÷5=10$，$60÷5=12$，
$(10+12)÷2=11$ 答え **時速11km**

❷ 式 $11-10=1$ 答え **時速1km**

考え方

❶ **❶** 2人は1分間に$75+60=135$（m）近づくので，出会うまでの時間は，$810÷135=6$（分）

❷ 2人は1分間に$75-60=15$（m）近づくので，追いつくまでの時間は，$810÷15=54$（分）

❷ **❶** 電車の速さは，$192÷8=24$より，秒速24m

❷ $24×48=1152$（m）より，これは列車がトンネルに入り終わってから出始めるまでに進む道のりになり，トンネルの長さから列車の長さをひいた長さに等しいから，トンネルの長さは，$1152+192=1344$（m）になります。

❸ **❶** 上りの速さは，$12÷1.5=8$より，時速8km（船の速さ）＝（上りの速さ）＋（流れの速さ）より，船の速さは，$8+2=10$（km）になります。

別解 まとめると，$12÷1.5+2=10$（km）

❷ （下りの速さ）＝（船の速さ）＋（流れの速さ）より，$10+2=12$（km）。よって，かかる時間は，$12÷12=1$（時間）になります。

❹ **❶** 兄が家を出るまでに弟が歩いた道のりは，$60×5=300$（m）　これを2人の速さの差で1分間に$240-60=180$（m）ずつ縮めるので，$300÷180=1\frac{2}{3}$（分）

$\frac{2}{3}$分＝$\left(\frac{2}{3}×60\right)$秒＝40秒だから，追いつくのは1分40秒後になります。

❷ 兄が家を出てから$1\frac{2}{3}$分後に追いつくから，$240×1\frac{2}{3}=400$（m）になります。

❺ **❶** 時速57.6km＝秒速$(57.6×1000÷3600)$m＝秒速16m　$16×38=608$より，これは貨物列車がトンネルに入り終わってから出始めるまでに進む道のりになり，トンネルの長さから貨物列車の長さをひいた長さに等しいから，トンネルの長さは，$608+300=908$（m）になります。

❷ 貨物列車が鉄橋をわたり始めてから終わるまでに進む道のりは，鉄橋の長さと貨物列車の長さをあわせた長さに等しいから，$1140+300=1440$（m）　よって，かかる時間は，$1440÷16=90$（秒）になります。

6 ❶ 速さは，上り 50÷5＝10(km)，下り 60÷5
＝12(km) この船の流れのないところでの速
さは，(船の速さ)＝{(上りの速さ)＋(下りの
速さ)}÷2 より，(10＋12)÷2＝11(km)

❷ 川の流れの速さは，(流れの速さ)＝(船の速
さ)－(上りの速さ)より，11－10＝1(km)

標準 レベル＋　　　46～47ページ

例題1 ① $\frac{5}{6}$，$\frac{5}{6}$　　②8，8

1 ❶ $\frac{7}{3}$ $\left(2\frac{1}{3}\right)$　❷ $\frac{6}{7}$　　❸ $\frac{3}{2}$ $\left(1\frac{1}{2}\right)$

❹ $\frac{9}{20}$　　❺1750　　❻ $\frac{1}{3}$

❼ $\frac{45}{2}$ $\left(22\frac{1}{2}\right)$　　❽ $\frac{1}{6}$

例題2 ①800，800

② $\frac{18}{5}$ $\left(3\frac{3}{5}\right)$，$\frac{3}{10}$，$\frac{3}{10}$，$\frac{40}{3}$ $\left(13\frac{1}{3}\right)$，

$\frac{18}{5}$ $\left(3\frac{3}{5}\right)$，$\frac{40}{3}$ $\left(13\frac{1}{3}\right)$

2 ❶450　　❷ $\frac{10}{9}$ $\left(1\frac{1}{9}\right)$　　❸36

❹ $\frac{3}{7}$　　❺ $\frac{216}{5}$ $\left(43\frac{1}{5}\right)$　　❻ $\frac{10}{27}$

考え方

1 ❷ $\frac{7}{10}×□＝\frac{3}{5}$，$□＝\frac{3}{5}÷\frac{7}{10}＝\frac{6}{7}$ (倍)

❸ $42×□＝63$，$□＝63÷42＝\frac{3}{2}$ $\left(1\frac{1}{2}\right)$(倍)

❹ $\frac{5}{6}×□＝\frac{3}{8}$，$□＝\frac{3}{8}÷\frac{5}{6}＝\frac{9}{20}$ (倍)

❼ $35×\frac{9}{14}＝□$，$□＝\frac{45}{2}$ $\left(22\frac{1}{2}\right)$(dL)

❽ $\frac{8}{15}×\frac{5}{16}＝□$，$□＝\frac{1}{6}$ (kg)

2 ❷ $□×\frac{2}{5}＝\frac{4}{9}$，$□＝\frac{4}{9}÷\frac{2}{5}＝\frac{10}{9}$ $\left(1\frac{1}{9}\right)$(km)

❸ $□×\frac{3}{4}＝27$，$□＝27÷\frac{3}{4}＝36$ (L)

❺ $72×0.6＝□$，$□＝\frac{216}{5}$ $\left(43\frac{1}{5}\right)$(mm)

❻ $□×0.36＝\frac{2}{15}$，$□＝\frac{2}{15}÷0.36＝\frac{10}{27}$ (mL)

ハイ レベル＋＋　　　48～49ページ

1 式 $\frac{21}{5}÷3.5＝\frac{6}{5}$　　答え $\frac{6}{5}$ $\left(1\frac{1}{5}\right)$倍

2 式 $500×\frac{13}{10}＝650$　　答え 650円

3 式 500＋350＝850，2000－850＝1150，

850÷1150＝$\frac{17}{23}$　　答え $\frac{17}{23}$倍

4 ❶式 $150×\frac{4}{5}＝120$　　答え 120cm

❷式 $150÷\frac{6}{7}＝175$　　答え 175cm

5 式 1800×0.24＝432，432÷0.6＝720

答え 720円

6 式 $78÷\frac{13}{24}＝144$，144－78＝66

答え 66人

7 式 $3500×\frac{5}{7}＝2500$，3500－2500＝1000

答え 1000円

8 式 $3\frac{9}{10}÷2\frac{3}{4}＝\frac{78}{55}$，$\frac{78}{55}×1\frac{2}{3}＝\frac{26}{11}$ $\left(2\frac{4}{11}\right)$

答え $\frac{26}{11}$ $\left(2\frac{4}{11}\right)$km

9 式 100－40＝60，3600÷0.6＝6000，

6000÷0.75＝8000　　答え 8000m²

考え方

1 $3.5×□＝\frac{21}{5}$，$□＝\frac{21}{5}÷3.5＝\frac{6}{5}$ $\left(1\frac{1}{5}\right)$(倍)

2 ラーメンの値段は，500円のチャーハンの $\frac{13}{10}$ 倍

だから，$500×\frac{13}{10}＝650$(円)になります。

3 はじめに入れた2つの水の量の和は，

500＋350＝850(mL)で，後から入れた水の量
は，2000－850＝1150(mL) したがって，は
じめに入れた2つの水の量の和は，後から入れた

水の量の $850÷1150＝\frac{17}{23}$(倍)になります。

4 ❶ はるかさんの身長は150cmで，弟の身長は

はるかさんの身長の $\frac{4}{5}$ 倍だから，

$150×\frac{4}{5}＝120$(cm)になります。

❷ はるかさんの身長はお父さんの身長の $\frac{6}{7}$ 倍

だから，$150 \div \frac{6}{7} = 175$(cm)になります。

❺ 1800円の本の値段の24%は，
1800×0.24＝432(円)だから，マンガの値段は，
432÷0.6＝720(円)になります。

❻ 6年生の女子が78人で，6年生全体に対して女
子の人数は $\frac{13}{24}$ にあたるから，6年生全体の人数

は，$78 \div \frac{13}{24} = 144$(人)になります。したがって，
男子の人数は，144－78＝66(人)になります。

❼ 売値を求めると，$3500 \times \frac{5}{7} = 2500$(円)だか

ら，3500－2500＝1000(円)より，定価で買う
より1000円得をします。

❽ 家から交番までの道のりを1とすると，家から
花屋までの道のりは，家から交番までの道のりの
$2\frac{3}{4}$ にあたります。これが $3\frac{9}{10}$ km なので，家

から交番までの道のりは，$3\frac{9}{10} \div 2\frac{3}{4} = \frac{78}{55}$

(km)になります。したがって，家から本屋までの

道のりは，$\frac{78}{55} \times 1\frac{2}{3} = \frac{26}{11}$ (km)になります。

❾ 牧草の生えている面積は，牧草地の
100－40＝60(%)にあたるので，
3600÷0.6＝6000(m²)になります。
したがって，牧場全体の面積は，
6000÷0.75＝8000(m²)になります。

標準 レベル＋　　50～51ページ

例題1　①40，40　②$\frac{5}{9}$，$\frac{5}{9}$，1000，1000

1　式 $1 + \frac{7}{19} = \frac{26}{19}$，$38 \times \frac{26}{19} = 52$

答え 52人

2　式 $1 - \frac{4}{15} = \frac{11}{15}$，$1980 \div \frac{11}{15} = 2700$

答え 2700円

例題2　①$\frac{1}{24}$，$\frac{1}{24}$，24，24

②$\frac{1}{4}$，$\frac{1}{4}$，$\frac{3}{4}$，$\frac{3}{4}$，9，9

3　式 $\frac{1}{30} + \frac{1}{20} = \frac{1}{12}$，$1 \div \frac{1}{12} = 12$

答え 12分

4　式 $\frac{1}{12} \times 4 = \frac{1}{3}$，$1 - \frac{1}{3} = \frac{2}{3}$，$\frac{2}{3} \div \frac{1}{6} = 4$

答え 4分

考え方

1　女子の人数を1とすると，男子の人数は，

$1 + \frac{7}{19} = \frac{26}{19}$ にあたります。だから，男子の人数

は，$38 \times \frac{26}{19} = 52$(人)になります。

2　はじめに持っていたおこづかいを1とすると，

残りのおこづかいは，$1 - \frac{4}{15} = \frac{11}{15}$ にあたりま

す。だから，はじめに持っていたおこづかいは，

$1980 \div \frac{11}{15} = 2700$(円)になります。

3　かたづける量を1とすると，AとBが1分間に

かたづける量は，A…$\frac{1}{30}$，B…$\frac{1}{20}$　A，Bの

2人でかたづけると1分では，$\frac{1}{30} + \frac{1}{20} = \frac{2+3}{60}$

$= \frac{1}{12}$ になります。したがって，2人でいっしょに

かたづけをすると，$1 \div \frac{1}{12} = 12$(分)になります。

4　家から駅までの道のりを1とすると，1分間に

進む道のりは，歩き…$\frac{1}{12}$，走り…$\frac{1}{6}$　はじめに

4分歩いた道のりは，$\frac{1}{12} \times 4 = \frac{1}{3}$ で，残りは，

$1 - \frac{1}{3} = \frac{2}{3}$ にあたります。これを走ると，

$\frac{2}{3} \div \frac{1}{6} = 4$(分)になります。

ハイ レベル＋＋　　52～53ページ

❶ ❶式 $1 + \frac{1}{3} = \frac{4}{3}$，$1000 \div \frac{4}{3} = 750$

答え 750円

❷式 1－0.2＝0.8，1000×0.8＝800，
800－750＝50　　答え 50円

18

② **❶式** $\dfrac{1}{45}+\dfrac{1}{30}=\dfrac{1}{18}$, $1\div\dfrac{1}{18}=18$

答え 18日

❷式 $\dfrac{1}{45}\times30=\dfrac{2}{3}$, $1-\dfrac{2}{3}=\dfrac{1}{3}$,

$\dfrac{1}{3}\div30=\dfrac{1}{90}$, $1\div\dfrac{1}{90}=90$

答え 90日

❸式 $\dfrac{1}{45}\times30=\dfrac{2}{3}$, $1-\dfrac{2}{3}=\dfrac{1}{3}$,

$\dfrac{1}{3}\div\dfrac{1}{30}=10$ **答え** 10日

❹式 $\dfrac{1}{45}\times15=\dfrac{1}{3}$, $1-\dfrac{1}{3}=\dfrac{2}{3}$,

$\dfrac{1}{30}+\dfrac{1}{90}=\dfrac{2}{45}$, $\dfrac{2}{3}\div\dfrac{2}{45}=15$

答え 15日

③ **式** $1+0.44=1.44$, $24\div1.44=16\dfrac{2}{3}$,

$16\dfrac{2}{3}\times\dfrac{2}{5}=6\dfrac{2}{3}$ → 6時間40分

答え 6時間40分

④ **式** $1-\dfrac{1}{8}=\dfrac{7}{8}$, $3.5\div\dfrac{7}{8}=4$, $1-\dfrac{1}{5}=\dfrac{4}{5}$,

$4\div\dfrac{4}{5}=5$ **答え** 5kg

⑤ **❶式** $\dfrac{1}{30}+\dfrac{1}{20}+\dfrac{1}{12}=\dfrac{1}{6}$, $1\div\dfrac{1}{6}=6$

答え 6日

❷式 $\dfrac{1}{30}\times10=\dfrac{1}{3}$, $\dfrac{1}{20}\times10=\dfrac{1}{2}$,

$1-\dfrac{1}{3}-\dfrac{1}{2}=\dfrac{1}{6}$, $\dfrac{1}{6}\div\dfrac{1}{12}=2$

答え 2日

❸式 $\dfrac{1}{30}+\dfrac{1}{20}=\dfrac{1}{12}$, $\dfrac{1}{12}\times4=\dfrac{1}{3}$,

$1-\dfrac{1}{3}=\dfrac{2}{3}$, $\dfrac{1}{20}+\dfrac{1}{12}=\dfrac{2}{15}$,

$\dfrac{2}{3}\div\dfrac{2}{15}=5$ **答え** 5日

考え方

② **❶** かべぬりの量を1とすると，AとBが1日に
する仕事の量は，A…$\dfrac{1}{45}$，B…$\dfrac{1}{30}$。A，B
の2人ですると1日では，$\dfrac{1}{45}+\dfrac{1}{30}=\dfrac{2+3}{90}$

$=\dfrac{1}{18}$ より，$1\div\dfrac{1}{18}=18$（日）になります。

❷ Aだけで30日すると，$\dfrac{1}{45}\times30=\dfrac{2}{3}$ で，残
りは，$1-\dfrac{2}{3}=\dfrac{1}{3}$ になります。これをCが30
日でしたと考えて，Cが1日にする仕事の量
は，$\dfrac{1}{3}\div30=\dfrac{1}{90}$ になります。したがって，
Cだけですると，$1\div\dfrac{1}{90}=90$（日）になります。

❸ はじめにAだけで30日すると，**❷**より，残
り $\dfrac{1}{3}$ になります。したがって，残りをBだけ
ですると，$\dfrac{1}{3}\div\dfrac{1}{30}=10$（日）になります。

❹ はじめにAだけで15日すると，$\dfrac{1}{45}\times15=\dfrac{1}{3}$，
$1-\dfrac{1}{3}=\dfrac{2}{3}$，より，残り $\dfrac{2}{3}$ になります。した
がって，残りをBとCの2人でいっしょにす
ると，$\dfrac{1}{30}+\dfrac{1}{90}=\dfrac{2}{45}$，$\dfrac{2}{3}\div\dfrac{2}{45}=15$（日）
になります。

③ 起きている時間を1とすると，1日は，
$1+0.44=1.44$ にあたります。したがって，起き
ている時間は，$24\div1.44=16\dfrac{2}{3}$（時間）になりま

す。学校にいる時間は，$16\dfrac{2}{3}\times\dfrac{2}{5}=6\dfrac{2}{3}$（時間）。

$\dfrac{2}{3}$ 時間$=\left(\dfrac{2}{3}\times60\right)$分$=40$分だから，学校にい
る時間は6時間40分になります。

④ としこさんのさとうの残りの量を1とすると，
ひろこさんの残りの量は，$1-\dfrac{1}{8}=\dfrac{7}{8}$ にあたり，
その量は$3.5\div\dfrac{7}{8}=4$（kg）になります。したがっ
て，元々のさとうの量を1とすると，としこさん
の残りの量は，$1-\dfrac{1}{5}=\dfrac{4}{5}$ にあたり，元々のさと
うの量は，$4\div\dfrac{4}{5}=5$（kg）になります。

⑤ **❶** ある仕事の量を1とすると，AとBとCが1
日にする仕事の量は，A…$\dfrac{1}{30}$，B…$\dfrac{1}{20}$，

$C\cdots\dfrac{1}{12}$　A，B，Cの3人ですると1日で

は，$\dfrac{1}{30}+\dfrac{1}{20}+\dfrac{1}{12}=\dfrac{2+3+5}{60}=\dfrac{1}{6}$より，

$1\div\dfrac{1}{6}=6$（日）になります。

❷ はじめにAだけで10日すると，

$\dfrac{1}{30}\times10=\dfrac{1}{3}$，次にBだけで10日すると，

$\dfrac{1}{20}\times10=\dfrac{1}{2}$より，残りは，$1-\dfrac{1}{3}-\dfrac{1}{2}=\dfrac{1}{6}$

になります。これをCだけですると，

$\dfrac{1}{6}\div\dfrac{1}{12}=2$（日）になります。

❸ はじめにAとBだけで4日すると，

$\dfrac{1}{30}+\dfrac{1}{20}=\dfrac{1}{12}$，$\dfrac{1}{12}\times4=\dfrac{1}{3}$になります。

次に，残りをBとCだけですると，$1-\dfrac{1}{3}=\dfrac{2}{3}$，

$\dfrac{1}{20}+\dfrac{1}{12}=\dfrac{2}{15}$，$\dfrac{2}{3}\div\dfrac{2}{15}=5$（日）になります。

💡 思考力育成問題　〔54〜55ページ〕

❶ 500　　　　　　　　❷ 525
❸ 大きくなる　　　　　❹ 133100円

考え方

❶ 初めに預けた金額を，元金（がんきん）といいます。また，金利にはずっとパーセントが増えない金利（固定金利）と時期により変わっていく金利（変動金利）の2種類があります。

　ここでは，元金10000円を単利5%で預けた1年後の利息を計算するので，$5\%=\dfrac{5}{100}$より，

$10000\times\dfrac{5}{100}=500$（円）となります。

（割合の$\dfrac{5}{100}$は約分せずに計算したほうが，一般的に計算が簡単になります。）

❷ 1年後の金額は，$10000+500=10500$（円）になります。複利計算では，この金額の5パーセント増しとなるので，$10500\times\dfrac{5}{100}=525$（円）となります。

❸ 500＜525になるから，単利よりも複利のほうが，金額が増えることがわかります。

❹ 1年目の返済金額は，$100000\times\left(1+\dfrac{10}{100}\right)$

$=100000\times\dfrac{110}{100}=110000$（円）

2年目の返済金額は，$110000\times\left(1+\dfrac{10}{100}\right)$

$=110000\times\dfrac{110}{100}=121000$（円）

3年目の返済金額は，$121000\times\left(1+\dfrac{10}{100}\right)$

$=121000\times\dfrac{110}{100}=133100$（円）

となります。これより，3年後にまとめて返すとき，返さなければいけない金額は133100円と計算できます。

参考 ●年目の金額は，10万に$\left(1+\dfrac{10}{100}\right)$を●回

かけることで計算できます。ちなみに，上の例で10年後の返済総額を計算してみると，259374.246円となります。およそ26万円で，借りた金額の約2.6倍になります。これを単利で計算すると10年後の返済総額は20万円なのでかなりのちがいがあることがわかります。

　また，分けて（分割して）一定の額でお金を返せば，それぞれが1年ごとに価値が増えていく（1年後には返した額の価値が1.1倍，2年後には1.21倍，3年後には1.331倍，…）ので，計算が複雑になることがわかります。

5章　比

標準 レベル＋　〔56〜57ページ〕

例題1 ① 5：8，5：8
② 3，3，2，2，24：36，4：6
❶ ❶ 7：5　　　　　　　❷ 5：8
❷ ①，④
例題2 ① 5：9，5：9　　　　　② 5：2，5：2
③ 4：3，4：3
❸ ❶（例）6：14，9：21，12：28
❷（例）7：8，14：16，21：24

4 **①** 7：5 **②** 4：5 **③** 4：3
   ④ 2：9 **⑤** 14：9 **⑥** 8：9

考え方

2 10：16＝（10÷2）：（16÷2）＝5：8になるもの
  を探しましょう。

   ① 15：24＝（15÷3）：（24÷3）＝5：8…○

   ② 30：40＝（30÷10）：（40÷10）＝3：4…×

   ③ 20：24＝（20÷4）：（24÷4）＝5：6…×

   ④ 5：8…○

   ⑤ 2：4＝（2÷2）：（4÷2）＝1：2…×

3 **①** （3×2）：（7×2）＝6：14，
   （3×3）：（7×3）＝9：21，
   （3×4）：（7×4）＝12：28など。

  ② （84÷12）：（96÷12）＝7：8より，
   （7×2）：（8×2）＝14：16，
   （7×3）：（8×3）＝21：24など。

4 **①** 42：30＝（42÷6）：（30÷6）＝7：5

  ② 128：160＝（128÷32）：（160÷32）＝4：5

  ③ 3.6：2.7＝（3.6×10）：（2.7×10）
   ＝36：27＝（36÷9）：（27÷9）＝4：3

  ④ 0.24：1.08＝（0.24×100）：（1.08×100）
   ＝24：108＝（24÷12）：（108÷12）＝2：9

  ⑤ $\dfrac{7}{12}$：$\dfrac{3}{8}$＝$\left(\dfrac{7}{12}×24\right)$：$\left(\dfrac{3}{8}×24\right)$＝14：9

  ⑥ $\dfrac{5}{6}$：$\dfrac{15}{16}$＝$\left(\dfrac{5}{6}×48\right)$：$\left(\dfrac{15}{16}×48\right)$
   ＝40：45＝（40÷5）：（45÷5）＝8：9

ハイ レベル＋＋　　58〜59ページ

① **①** 6：5 **②** 15：28

② **①** ○ **②** × **③** ○ **④** ○

③ **①**（例）8：9，16：18，24：27
  ②（例）3：5，6：10，9：15

④ **①** 16：9 **②** 1：3 **③** 10：7
  ④ 19：8 **⑤** 32：11 **⑥** 5：6

⑤ **①** 10：9 **②** 36：5 **③** 5：3
  ④ 8：25 **⑤** 33：10 **⑥** 50：9

⑥ **①** 16：15 **②** 2：5 **③** 7：13

⑦ **①** 7：6 **②** 13：8

考え方

2 **④** $\dfrac{1}{3}$：$\dfrac{3}{7}$＝$\left(\dfrac{1}{3}×21\right)$：$\left(\dfrac{3}{7}×21\right)$＝7：9，
   0.42：0.54＝（0.42×100）：（0.54×100）
  ＝42：54＝（42÷6）：（54÷6）＝7：9
  となるから，2つの比は等しい。

4 **③** $3\dfrac{3}{7}$：$2\dfrac{2}{5}$＝$\dfrac{24}{7}$：$\dfrac{12}{5}$

   ＝$\left(\dfrac{24}{7}×35\right)$：$\left(\dfrac{12}{5}×35\right)$＝120：84

   ＝（120÷12）：（84÷12）＝10：7

  ④ 2.25：$\dfrac{18}{19}$＝$\dfrac{9}{4}$：$\dfrac{18}{19}$

   ＝$\left(\dfrac{9}{4}×76\right)$：$\left(\dfrac{18}{19}×76\right)$＝171：72

   ＝（171÷9）：（72÷9）＝19：8

  ⑤ $1\dfrac{1}{11}$：0.375＝$\dfrac{12}{11}$：$\dfrac{3}{8}$

   ＝$\left(\dfrac{12}{11}×88\right)$：$\left(\dfrac{3}{8}×88\right)$＝96：33

   ＝（96÷3）：（33÷3）＝32：11

  ⑥ $4\dfrac{3}{20}$：4.98＝$\left(4\dfrac{3}{20}×100\right)$：（4.98×100）
   ＝415：498＝（415÷83）：（498÷83）
   ＝5：6

5 **①** 5kg：4500g＝5000g：4500g
   ＝（5000÷500）：（4500÷500）＝10：9

  ② 3時間：25分＝180分：25分
   ＝（180÷5）：（25÷5）＝36：5

  ③ $\dfrac{4}{5}$cm：4.8mm＝0.8cm：4.8mm
   ＝8mm：4.8mmより，8：4.8
   ＝（8×10）：（4.8×10）＝80：48
   ＝（80÷16）：（48÷16）＝5：3

  ④ 0.072L：$2\dfrac{1}{4}$dL
   ＝（0.072×1000）mL：$\left(2\dfrac{1}{4}×100\right)$mL
   ＝72mL：225mL＝（72÷9）：（225÷9）
   ＝8：25

  ⑤ 2時間45分：$\dfrac{5}{6}$時間＝165分：50分
   ＝（165÷5）：（50÷5）＝33：10

❻ 1.25m² : 2250cm²
= (1.25×10000)cm² : 2250cm²
= 12500 : 2250
= (12500÷250) : (2250÷250) = 50 : 9

❻ ❶ 10円切手8枚と15円切手5枚の金額の割合
を比に表すと，(10×8) : (15×5) = 80 : 75
= (80÷5) : (75÷5) = 16 : 15

❷ 1 : 2.5 = (1×2) : (2.5×2) = 2 : 5

❸ 100%−35% = 65% だから，
35 : 65 = (35÷5) : (65÷5) = 7 : 13

❼ ❶ Aさんの残金は，3500−1400 = 2100(円)，
Bさんの残金は，2800−1000 = 1800(円)
なので，AさんとBさんの残金の比は，
2100 : 1800 = (2100÷300) : (1800÷300)
= 7 : 6

❷ AさんとBさんの残金の合計は，
2100+1800 = 3900(円)，おみやげの代金
は，1400+1000 = 2400(円)なので，Aさ
んとBさんの残金の合計とおみやげの代金の
比は，3900 : 2400
= (3900÷300) : (2400÷300) = 13 : 8

標準 レベル+ 　　　　60〜61ページ

例題1　①5, 25, 25　②$\frac{3}{4}$, $\frac{3}{4}$

❶ ❶28　　　❷18　　　❸5
❹7　　　❺102　　　❻69

❷ ❶$\frac{2}{9}$　　　❷$\frac{3}{11}$　　　❸3
❹$\frac{2}{5}$　　　❺6　　　❻$\frac{3}{14}$

例題2　20, 100, 100

❸ ❶3500 : x = 7 : 3　　❷1500円

❹ 式 赤のおもりの重さを$x$kgとすると，
x : 108 = 2 : 9, x×9 = 108×2, x = 24
答え 24kg

考え方

❶ ❸ 6 : x = 54 : 45, 6×45 = x×54,
x = 6×45÷54, x = 5
❹ x : 9 = 49 : 63, x×63 = 9×49,
x = 9×49÷63, x = 7

---

❺ 12 : 17 = 72 : x, 12×x = 17×72,
x = 17×72÷12, x = 102
❻ 23 : 35 = x : 105, 23×105 = 35×x,
x = 23×105÷35, x = 69

❷ ❸ 12÷4 = 3
❹ 6÷15 = $\frac{6}{15}$ = $\frac{2}{5}$
❺ 30÷5 = 6
❻ 9÷42 = $\frac{9}{42}$ = $\frac{3}{14}$

❸ ❶ 弟が持っているおこづかいの金額をx円と
するので，3500 : x = 7 : 3 となります。
❷ ❶の式を計算すると，3500×3 = x×7，
x = 3500×3÷7, x = 1500 より，1500円
になります。

❹ 赤のおもりの重さを$x$kgとすると，
x : 108 = 2 : 9, x×9 = 108×2,
x = 108×2÷9, x = 24 より，24kgになります。

ハイ レベル++ 　　　　62〜63ページ

❶ ❶40　　❷30　　❸56　　❹69

❷ ❶$\frac{6}{7}$　　　　　　❷$\frac{7}{9}$
❸$\frac{9}{11}$　　　　　　❹$\frac{13}{7}$ $\left(1\frac{6}{7}\right)$

❸ ❶21cm　　　　❷16cm

❹ ❶40　　❷27　　❸11　　❹3

❺ ❶$\frac{7}{9}$　　　　　　❷$\frac{8}{11}$
❸$\frac{35}{32}$ $\left(1\frac{2}{32}\right)$　　　❹$\frac{5}{7}$

❻ 式 クラブ全体の人数をx人とすると，
36 : x = 9 : 20, 36×20 = x×9, x = 80,
80−36 = 44　　　　答え 44人

❼ 式 まさこさんの体重を$x$kgとすると，
x : 56 = 5 : 8, x×8 = 56×5, x = 35,
56−35 = 21　　　　答え 21kg

❽ 式 25円切手の金額をx円とすると，
15×18 = 270(円)より，270 : x = 9 : 25,
270×25 = x×9, x = 750, 750÷25 = 30
答え 30枚

22

❾ **式** 64＝8×8より，大きいほうの正方形の１辺
の長さは8cm。小さいほうの正方形の１辺
の長さを$x$cmとすると，$x:8=3:4$，
$x=6$，$6×6=36$ **答え** 36cm^2

考え方

❶ **❸** $63:72=49:x$，$63×x=72×49$，
$x=72×49÷63$，$x=56$

❹ $108:144=x:92$，$108×92=144×x$，
$x=108×92÷144$，$x=69$

❷ **❸** $225÷275=\dfrac{225}{275}=\dfrac{9}{11}$

❹ $468÷252=\dfrac{468}{252}=\dfrac{13}{7}\left(1\dfrac{6}{7}\right)$

❸ **❶** 横の長さを$x$cmとすると，$12:x=4:7$，
$12×7=x×4$，$x=12×7÷4$，$x=21$(cm)

❷ 縦の長さを$y$cmとすると，$y:28=4:7$，
$y×7=28×4$，$y=28×4÷7$，$y=16$(cm)

❹ **❸** $x:22=1\dfrac{1}{12}:2\dfrac{1}{6}$，$x×2\dfrac{1}{6}=22×1\dfrac{1}{12}$，

$x=22×\dfrac{13}{12}÷\dfrac{13}{6}$，$x=11$

❹ $\dfrac{1}{12}:\dfrac{5}{14}=\dfrac{7}{10}:x$，$\dfrac{1}{12}×x=\dfrac{5}{14}×\dfrac{7}{10}$，

$x=\dfrac{5}{14}×\dfrac{7}{10}÷\dfrac{1}{12}$，$x=3$

❺ **❸** $\dfrac{5}{8}÷\dfrac{4}{7}=\dfrac{35}{32}$

❹ $2\dfrac{4}{7}÷3\dfrac{3}{5}=\dfrac{18}{7}÷\dfrac{18}{5}=\dfrac{5}{7}$

❻ クラブ全体の人数をx人とすると，
$36:x=9:20$，$36×20=x×9$，
$x=36×20÷9$，$x=80$になります。したがっ
て，このサッカークラブの男子の人数は，
$80-36=44$(人)になります。

❼ まさこさんの体重を$x$kgとすると，
$x:56=5:8$，$x×8=56×5$，$x=56×5÷8$，
$x=35$になります。したがって，$56-35=21$だ
から，まさこさんの体重はお母さんの体重より
21kg少なくなります。

❽ 25円切手の金額をx円とすると，15円切手の
金額が，$15×18=270$(円)より，
$270:x=9:25$，$270×25=x×9$，
$x=270×25÷9$，$x=750$になります。

したがって，25円切手の枚数は，
$750÷25=30$(枚)になります。

❾ 大きいほう正方形の面積が$64=8×8$だから，
１辺の長さは8cmになります。小さいほうの正方
形の１辺の長さを$x$cmとすると，$x:8=3:4$，
$x×4=8×3$，$x=6$となるので，小さいほうの正
方形の面積は，$6×6=36$(cm^2)になります。

標準レベル＋ 64～65ページ

例題1 ①8：15，8：15 ②12，96，96

❶ **式** 姉の分をx個とすると，$5+4=9$より，
$x:45=5:9$，$x×9=45×5$，$x=25$
答え 25個

❷ **式** 男子の人数をx人とすると，$7+6=13$より，
$x:39=7:13$，$x×13=39×7$，$x=21$
答え 21人

例題2 ①4：1，4：1
②4：5，48，192，192，48，192，48

❸ **❶**7：1
❷Aさん…5250円，Bさん…750円

❹ **式** 黒のご石の個数をx個とすると，
$x:360=1:(1+5)$，$x×6=360×1$，
$x=60$ **答え** 60個

考え方

❶ 姉の分をx個とすると，$5+4=9$より，
$x:45=5:9$，$x×9=45×5$，$x=45×5÷9$，
$x=25$(個)になります。

❷ 男子の人数をx人とすると，$7+6=13$より，
$x:39=7:13$，$x×13=39×7$，
$x=39×7÷13$，$x=21$(人)になります。

❸ **❶** AさんはBさんの7倍の金額を持っているの
で，AさんとBさんの持っている金額の比は，
7：1になります。

❷ Aさんの持っている金額をx円とすると，
$7+1=8$より，$x:6000=7:8$，
$x×8=6000×7$，$x=6000×7÷8$，
$x=5250$(円)になります。

❹ 黒のご石の個数をx個とすると，
$x:360=1:(1+5)$，$x×6=360×1$，
$x=360×1÷6$，$x=60$(個)になります。

① 式 1台のトラックの重さをxtとすると，
$x:9=4:(4+11)$，$x\times15=9\times4$，
$x=2.4$，$9-2.4=6.6$

答え　2.4tと6.6t

② 式 黄色の絵の具をxgとすると，
$x:10=3:(3+1)$，$x\times4=10\times3$，
$x=7.5$，$10-7.5=2.5$

答え　黄色…7.5g，青色…2.5g

③ **❶** 12

❷ 赤:青…8:12，青:白…12:15

❸ 8:12:15　　**❹** 45個

④ **❶** 3:7:4　　**❷** 12:20:5

❸ 8:7　　**❹** 6:20:15

⑤ 式 $54\div2=27$，縦の長さを$x$cmとすると，
$x:27=4:(4+5)$，$x\times9=27\times4$，$x=12$，
$27-12=15$，$12\times15=180$

答え　180cm²

⑥ 式 B組の人数をx人とすると，
$x:6=7:(9-7)$，$x\times2=6\times7$，$x=21$

答え　21人

⑦ 式 $A:B=(2\times4):(5\times4)=8:20$，
$B:C=(4\times5):(3\times5)=20:15$より，
$A:B:C=8:20:15$，
$301\div(8+20+15)=7$，$7\times8=56$，
$7\times20=140$，$7\times15=105$

答え　A…56個，B…140個，C…105個

考え方

① 1台のトラックの荷物の重さをxtとすると，
$x:9=4:(4+11)$，$x\times15=9\times4$，
$x=9\times4\div15$，$x=2.4$(t)になります。もう1台
のトラックの荷物の重さは，$9-2.4=6.6$(t)にな
ります。

注意 答えは，分数で答えてもよいです。
$2.4t=2\frac{2}{5}t=\frac{12}{5}t$と$6.6t=6\frac{3}{5}t=\frac{33}{5}t$

② 黄色の絵の具をxgとすると，$x:10=3:(3+1)$，
$x\times4=10\times3$，$x=10\times3\div4$，$x=7.5$(g)にな
ります。青色の絵の具は，$10-7.5=2.5$(g)にな
り，黄色7.5gと青色2.5gを混ぜればよいです。

注意 答えは，分数で答えてもよいです。
$7.5g=7\frac{1}{2}g=\frac{15}{2}g$と$2.5g=2\frac{1}{2}g=\frac{5}{2}g$

③ **❶** 3と4の最小公倍数は12になります。

❷ $2:3=(2\times4):(3\times4)=8:12$，
$4:5=(4\times3):(5\times3)=12:15$より，
赤:青は8:12，青:白は12:15になります。

❸ **❷**より，赤:青:白は8:12:15になります。

❹ 白の玉の個数をx個とすると，
$24:x=8:15$，$24\times15=x\times8$，
$x=24\times15\div8$，$x=45$(個)になります。し
たがって，赤の玉が24個のときの白の玉の
個数は45個になります。

④ **❶** A:B=3:7，B:C=7:4だから，
A:B:C=3:7:4になります。

❷ $A:B=(3\times4):(5\times4)=12:20$，
$B:C=(4\times5):(1\times5)=20:5$より，
A:B:C=12:20:5になります。

❸ $A:B=(4\times2):(3\times2)=8:6$，
$B:C=\left(\frac{2}{7}\times21\right):\left(\frac{1}{3}\times21\right)=6:7$より，
A:B:C=8:6:7になります。
よって，A:C=8:7になります。

❹ $A:B=(0.6\times10):(2\times10)=6:20$，
$A:C=(2\times3):(5\times3)=6:15$より，
A:B:C=6:20:15になります。

⑤ 縦と横の長さの和は，$54\div2=27$になります。
縦の長さを$x$cmとすると，$x:27=4:(4+5)$，
$x\times9=27\times4$，$x=27\times4\div9$，$x=12$(cm)にな
ります。横の長さは，$27-12=15$(cm)なので，
面積は，$12\times15=180$(cm²)になります。

⑥ B組の人数をx人とすると，$x:6=7:(9-7)$，
$x\times2=6\times7$，$x=6\times7\div2$，$x=21$(人)になりま
す。

⑦ Bを5と4の最小公倍数20にそろえます。
$A:B=(2\times4):(5\times4)=8:20$，
$B:C=(4\times5):(3\times5)=20:15$より，
A:B:C=8:20:15になります。
$301\div(8+20+15)=7$，$7\times8=56$，
$7\times20=140$，$7\times15=105$より，Aは56個，
Bは140個，Cは105個になります。

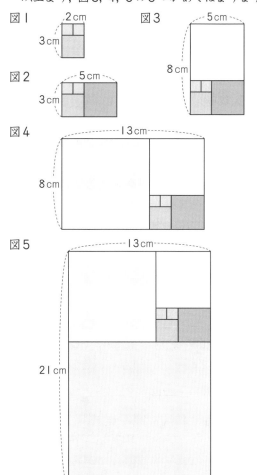

思考力育成問題　　68〜69ページ

❶約34cm　　❷約23.5cm　　❸3つ

考え方

❶ この長方形ABCDの縦と横の比が黄金比
（1：1.6）をもつとしたとき，縦の長さの辺ABが
21cmで，横の長さの辺ADの長さを$x$cmとする
と，21：x＝1：1.6より，21×1.6＝x×1，
x＝21×1.6÷1，x＝33.6(cm)になります。小数
第一位を四捨五入して，整数で答えるので，約
34cmになります。

❷ 右の図のように，
おうぎ形の半径
OPの長さは，
OBの長さと等
しいので，BE
とOEの長さを

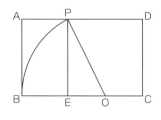

それぞれ求めて加えます。BE＝AD－ABより，
34－21＝13で，OE＝21÷2＝10.5だから，
OB＝13＋10.5＝23.5になります。四捨五入は
しないので，約23.5cmになります。

❸ 長方形㋐の中に正方形をしきつめていきます。

① 図1のように，1辺の長さが1cmの正方形を
2個，1辺の長さが2cmの正方形を1個組み合
わせた長方形では，3÷2＝1.5なので，1.6に
はなりません。

② 図2のように，①の図形に1辺の長さが3cm
の正方形を1個組み合わせた長方形では，
5÷3＝1.66…なので，小数第一位まで求める
と1.7になるから，1.6にはなりません。

③ 図3のように，②の図形に1辺の長さが5cm
の正方形を1個組み合わせた長方形では，
8÷5＝1.6なので，あてはまります。

④ 図4のように，③の図形に1辺の長さが8cm
の正方形を1個組み合わせた長方形では，
13÷8＝1.625なので，小数第一位まで求める
と1.6になりあてはまります。

⑤ 図5のように，④の図形に1辺の長さが13cm
の正方形を1個組み合わせた長方形では，
21÷13＝1.61…なので，小数第一位まで求め
ると1.6になりあてはまります。

6章　図形の拡大と縮小

標準レベル＋　　70〜71ページ

例題1　①AC，AC，4，4
　　　②C，50，50　　　③2，2

1 ❶辺DF　　❷角B　　❸3倍

例題2　①6　　　　②4，5

2 ❶

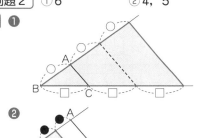

❷

考え方

1 点Aと点D, 点Bと点E, 点Cと点Fがそれぞれ対応します。

① 辺ACと対応する辺はDFになります。

② 角Eと対応する角はBになります。

③ 辺BCとEFが対応していて, 長さの比はます目の数を数えて3：9＝1：3になります。すなわち, 3倍の拡大図になります。

2 **①** 下の図のように, 辺BA, BCをのばした直線上で, それぞれの3倍の長さのところに点F, Gをとって結びます。三角形FBGが三角形ABCの3倍の拡大図になります。

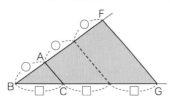

② 下の図のように, 辺BA, BCの真ん中の点H, Iをとって結びます。三角形HBIが三角形ABCの $\frac{1}{2}$ の縮図になります。

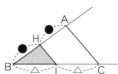

ハイ レベル＋＋　　72～73ページ

1 **①**辺FG　　　**②**拡大図…2倍, 縮図… $\frac{1}{2}$

③AB…2cm, CD…2.5cm

④B…60°, G…90°

2 **①**

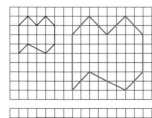

②

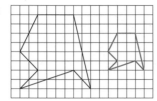

③ 拡大図

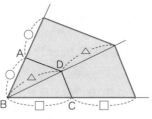

縮図

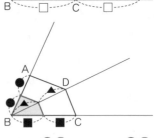

4 **①**エ　　　　**②**ク　　　　**③**オ

5 **①**いえる。　　　**②**4倍

6 6cm…24cm, 8cm…32cm, 5cm…20cm

考え方

1 点Aと点E, 点Bと点F, 点Cと点G, 点Dと点Hがそれぞれ対応します。

① 辺BCと対応する辺はFGになります。

② 辺BCとFGが対応していて, 長さの比は, 3：6＝1：2になります。すなわち, 2倍の拡大図になり, 逆に $\frac{1}{2}$ の縮図になります。

③ 辺ABの長さは, 4÷2＝2(cm), CDの長さは, 5÷2＝2.5(cm)になります。

④ 角Bと対応する角はFになります。角Gと対応する角はCになります。

2 ます目の数を数えて2倍の拡大図ならそれぞれの数を2倍して, $\frac{1}{2}$ の縮図ならそれぞれの数を $\frac{1}{2}$ して図をかきましょう。

3 2倍の拡大図；辺BA, BC, BDをのばした直線上で, それぞれの2倍の長さのところに点をとって結びます。この3点と点Bを結んだ四角形が四角形ABCDの2倍の拡大図になります。

$\frac{1}{2}$ の縮図；辺BA, BC, BDの真ん中の点をそれぞれとって結びます。この3点と点Bを結んだ四角形が四角形ABCDの $\frac{1}{2}$ の縮図になります。

4 **①** ㋐のます目の数は, いちばん左側の点から右に2, 上に1と右に3, 下に2のところに次の

頂点があります。これの2倍の拡大図なので，同じ向きであれば，いちばん左側の点から右に4，上に2と右に6，下に4のところに次の頂点があるものを探しましょう。ここでは，㋪にあたります。向きがちがう場合はその都度調整して考えましょう。

❷，❸ ❶と同じようにして，数えましょう。

⑤ ❶ 正方形はすべての形がそれぞれ拡大図，縮図の関係にあります。

❷ 拡大図では，辺の長さは拡大の倍と等しくなるので，あるひし形の4倍の拡大図のまわりの長さはもとのひし形の4倍になります。

⑥ 問題の図の三角形のまわりの長さは，6+8+5=19(cm)で，拡大図の三角形のまわりの長さが76cmなので，76÷19=4より，4倍の拡大図であることがわかります。したがって，それぞれの辺の長さは，6×4=24(cm)，8×4=32(cm)，5×4=20(cm)になります。

標準 レベル+　　74〜75ページ

例題1 ①10000，$\frac{1}{2500}$，$\frac{1}{2500}$，2500

②5，5

③300000，300000，3000，3，3

1 ❶8cm　　　　　❷40cm

2 ❶5km　　　　　❷4.5km

例題2 ①5.5，5.5

②800，800，8，8，9.5，9.5

3 ❶7cm　　　　　❷約16.5m

考え方

1 ❶ 20m=2000cmより，$2000×\frac{1}{250}=8$(cm)

❷ 4km=400000cmより，

$400000×\frac{1}{10000}=40$(cm)

2 ❶ $25÷\frac{1}{20000}=500000$(cm)より，

500000cm=5000m=5km

❷ $9÷\frac{1}{50000}=450000$(cm)より，

450000cm=4500m=4.5km

---

3 ❶ 14m=1400cmより，$1400×\frac{1}{200}=7$(cm)

❷ 縮図をかくと下の図のようになります。ACの長さは約7.5cmになります。したがって，この建物のおよその高さは，

$7.5÷\frac{1}{200}=1500$(cm)

=15(m)より，目の高さをたして，

15+1.5

=16.5(m)

になります。

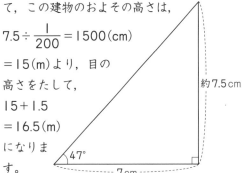

ハイ レベル++　　76〜77ページ

1 ❶分数…$\frac{1}{20000}$，比…1：20000

❷分数…$\frac{1}{3000}$，比…1：3000

❸分数…$\frac{1}{2500}$，比…1：2500

2 ❶3cm　　　　　❷50cm

❸5cm　　　　　❹14cm

3 ❶2km　　　　　❷4km

❸24km　　　　　❹12km

4 90m²

5 ❶AC…3cm，

BC…3.5cm

❷縮図は右の図

約80m

6 ❶3.5cm

❷縮図は右の図

約44m

（約46m）

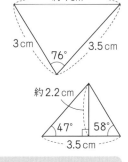

考え方

1 ❶ 8km=8000m=800000cmより，

$40÷800000=\frac{1}{20000}$，1：20000

❷ 240m=24000cm=240000mmより，

$80÷240000=\frac{1}{3000}$，1：3000

❸ 0.9km=900m=90000cmより，

27

$$36 \div 90000 = \frac{1}{2500}, \quad 1 : 2500$$

❷ ① 18m＝1800cmより，$1800 \times \frac{1}{600} = 3$（cm）

　② 1km＝100000cmより，

　　$100000 \times \frac{1}{2000} = 50$（cm）

　③ 125m＝12500cmより，

　　$12500 \times \frac{1}{2500} = 5$（cm）

　④ 7km＝700000cmより，

　　$700000 \times \frac{1}{50000} = 14$（cm）

❸ ① $50 \div \frac{1}{4000} = 200000$（cm）より，

　　200000cm＝2000m＝2km

　② $800 \div \frac{1}{5000} = 4000000$（mm）より，

　　4000000mm＝4000m＝4km

　③ $1.2 \div \frac{1}{20000} = 24000$（m）より，

　　24000m＝24km

　④ $48 \div \frac{1}{25000} = 1200000$（cm）より，

　　1200000cm＝12000m＝12km

❹ 実際のこの土地の縦の長さは，

　　$2 \times 300 = 600$（cm），600cm＝6m，横の長さは，

　　$5 \times 300 = 1500$（cm），1500cm＝15mだから，

　　この土地の面積は，$6 \times 15 = 90$（m²）になります。

❺ ① AC；60m＝6000cmより，

　　$6000 \times \frac{1}{2000} = 3$（cm）

　　BC；70m＝7000cmより，

　　$7000 \times \frac{1}{2000} = 3.5$（cm）

　② A地点とB地点のおよそのきょりにあたる縮図上の長さをはかると約4cmになります。したがって，実際の長さは，

　　$4 \times 2000 = 8000$（cm），8000cm＝80m

　　になります。

❻ ① 70m＝7000cmより，

　　$7000 \times \frac{1}{2000} = 3.5$（cm）

　② 川のはばにあたる縮図上の長さをはかると

約2.2cmになります。したがって，実際の長さは，2.2×2000＝4400（cm），4400cm＝44mになります。

注意 約2.3cmと読み取る場合も正解です。そのときは，2.3×2000＝4600（cm），4600cm＝46mになります。

7章 円の面積

標準レベル+　　78〜79ページ

例題1 ①41，15，41，15，194，194
　　②194，3，3

❶ ①約189.42cm²　　❷約3倍

例題2 ①200.96，200.96
　　②12.56，12.56

❷ ①452.16cm²　　❷254.34cm²

❸ ①157cm²　　❷100.48cm²

❹ ①25.12cm²　　❷7.065cm²
　　❸9.42cm²

考え方

❶ ① 底辺4.1cm，高さ7.7cmの三角形12個分の面積になるので，

　　$4.1 \times 7.7 \div 2 \times 12 = 189.42$（cm²）

　② $189.42 \div 64 = 2.95\cdots$で，小数第一位を四捨五入するから，約3倍になります。

❷ （円の面積）＝（半径）×（半径）×3.14にあてはめて計算します。

　① $12 \times 12 \times 3.14 = 452.16$（cm²）

　② 直径18cmより，半径は9cmなので，

　　$9 \times 9 \times 3.14 = 254.34$（cm²）

❸ ① $10 \times 10 \times 3.14 \div 2 = 157$（cm²）

　② 直径16cmより，半径は8cmなので，

　　$8 \times 8 \times 3.14 \div 2 = 100.48$（cm²）

❹ ① 半径4cmの半円の面積だから，

　　$4 \times 4 \times 3.14 \div 2 = 25.12$（cm²）

　② 半径3cmの円の $\frac{1}{4}$ の面積だから，

　　$3 \times 3 \times 3.14 \times \frac{1}{4} = 7.065$（cm²）

❸ 半径2cmの円の $\frac{3}{4}$ の面積だから,

$$2 \times 2 \times 3.14 \times \frac{3}{4} = 9.42 (\text{cm}^2)$$

❶ ❶78.5　　　　　　　　❷10
❷ 12.56cm²
❸ ❶14.13cm²　　　　　　❷378.5cm²
❹ 円のほうが279cm²大きい。
❺ 12.56cm²
❻ ❶39.25cm²　　　　　　❷228cm²
❼ 628cm²
❽ 28.5cm²
❾ 147.84cm²

考え方

❶ ❶ 10×10×3.14÷2÷2=78.5(cm²)
　 ❷ 314÷3.14=100, 100=10×10だから,
　　　円の半径は, 10cmになることがわかります。
❷ 半径(2+4)÷2=3(cm)の円の面積から, 半径
　 4÷2=2(cm)の円の面積と半径2÷2=1(cm)の
　 円の面積をひけば求まります。
　　　3×3×3.14−2×2×3.14−1×1×3.14
　　=12.56(cm²)
❸ ❶ 図のかげのついた下の部分の半円を上の同
　　　じ形の部分に移して考えると, 求める図形は
　　　半径3cmの半円の面積になることがわかり
　　　ます。
　　　3×3×3.14÷2=14.13(cm²)
　 ❷ 右の図のように, 問題の図を, 半
　　　径5cmの円の $\frac{1}{4}$ と1辺5cmの正
　　　方形に分けて考えると, 円の $\frac{1}{4}$ が4個と正
　　　方形が12個の面積になることがわかります。
　　　5×5×3.14× $\frac{1}{4}$ ×4+5×5×12=378.5(cm²)
❹ 長さ124cmのひもで正方形を作ったときの1
　 辺の長さは, 124÷4=31(cm), 長さ124cmの
　 ひもで円を作ったときの直径は,
　 124÷3.1=40(cm)になります。

したがって, 正方形の面積は, 31×31=961(cm²),
円の面積は, 20×20×3.1=1240(cm²)になり
ます。よって, ちがいは1240−961=279で,
円のほうが279cm²大きくなります。
❺ 内側の円の直径は4cmになります。求める面積
　 は, 半径4cm半円の面積から, 半径2cmの円の
　 面積をひけばよいので,
　　 4×4×3.14÷2−2×2×3.14=12.56(cm²)
❻ ❶ 半径10cmの円の $\frac{1}{4}$ の面積から, 半径5cm
　　　の半円の面積をひいた面積になります。
　　　　10×10×3.14× $\frac{1}{4}$ −5×5×3.14÷2
　　=39.25(cm²)
　 ❷ 下の図のように, 半径10cmの円2つ分の面
　　　積から, 1辺20cmの正方形の面積をひいた
　　　面積になります。
　　　10×10×3.14×2−20×20=228(cm²)

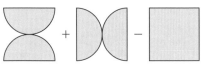

❼ 図のかげのついた下の部分2か所を上の同じ形
　 の部分に移して考えると, 求める図形は直径
　 40cmの半円の面積になることがわかります。
　　 20×20×3.14÷2=628(cm²)
❽ 円の半径は, 外側の正方形の1辺の長さの半分だ
　 から5cmになります。内側の正方形の面積は, 外
　 側の正方形の面積の半分になります。したがって,
　 かげのついた部分の面積は, 半径5cmの円の面
　 積から内側の正方形の面積をひけば求められます。
　　 5×5×3.14−10×10÷2=28.5(cm²)
❾ 円の半径を, 直角三角形の面積を2通りの方法
　 で表して求めます。底辺20cm, 高さ15cmの直
　 角三角形と底辺25cm, 高さが円の半径になる直
　 角三角形の面積が同じになるから, 円の半径を
　 x cmとすると, 20×15÷2=25× x ÷2より,
　 x =12(cm)と求められます。かげのついた部分
　 の面積は, ひし形の面積から半径12cmの円の面
　 積をひけば求められます。
　　 20×15÷2×4−12×12×3.14=147.84(cm²)

💡 思考力育成問題　82〜83ページ

❶① $\dfrac{1}{3}$　　②$\dfrac{4}{3}$　　③$\dfrac{1}{9}$

❷ ⑰→⑦→㋓→㋔→㋐

考え方

❶① 折れ線◯の点BとDを結ぶと，直線AB，BD，DEは長さが等しく，三角形CBDは正三角形なので，辺AB，BC，CD，DEはすべて長さが等しくなります。また，それぞれの長さは，辺AE（もとの白い正三角形の1辺）の $\dfrac{1}{3}$ になります。

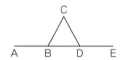

② ①より，辺AB，BC，CD，DEの長さの和は，もとの白い正三角形の1辺を，

$$\dfrac{1}{3}+\dfrac{1}{3}+\dfrac{1}{3}+\dfrac{1}{3}=\dfrac{4}{3}\text{（倍）}$$ したものであることがわかります。

③ $\dfrac{1}{3}$ の縮図の中で，さらに $\dfrac{1}{3}$ の縮図の正三角形をかけば，もとの $\dfrac{1}{3}\times\dfrac{1}{3}=\dfrac{1}{9}$ になります。

❷ 下の図のように，操作㋕の手順を順に図に表して示していきます。

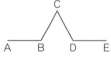

⑰ 点B，Dをつないで，正三角形CBDをつくる。

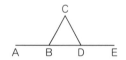

⑦ 辺BD以外の辺をそれぞれ三等分する。

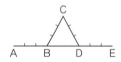

㋓ 辺AB，BC，CD，DEのそれぞれに対して，三等分したうちの真ん中の部分に注目する。

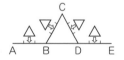

㋔ 辺AB，BC，CD，DEの真ん中に，それぞれの辺にぴったりつくようにして，正三角形CBDの $\dfrac{1}{3}$ の縮図をえがく。

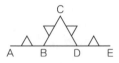

㋐ 余分な線をすべて取りのぞく。

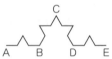

参考 中学校では拡大図，縮図の関係にある2つの図形を「相似」(そうじ)な図形といいます。相似な図形の辺の長さの比を相似比といい，ここでは，相似比が1：3の正三角形について考えています。

8章 体積

標準レベル+　84〜85ページ

例題1 ①6，6，48，48

②314，314，10048，10048

1 ❶60cm³　　　❷1570cm³
　❸63cm³

2 8cm

例題2 20，1000，1000，7000，7000，350，350，7000，7000

3 48636cm³

4 ❶84.78cm³　　❷15.7cm³

考え方

1 ❶ 底面が底辺4cm，高さ3cmの三角形なので，底面積は，4×3÷2＝6(cm²)になります。体積は，6×10＝60(cm³)になります。

❷ 底面が半径20÷2＝10(cm)の円なので，底面積は，10×10×3.14＝314(cm²)になります。体積は，314×5＝1570(cm³)になります。

❸ 底面が上底2cm，下底4cm，高さ3cmの台形なので，底面積は，(2＋4)×3÷2＝9(cm²)になります。体積は，9×7＝63(cm³)になり

ます。

2 底面が半径5cmの円なので，底面積は，
$5×5×3.14=78.5(cm^2)$になります。
体積が628cm³だから，この円柱の高さは，
$628÷78.5=8(cm)$になります。

3 求める立体の体積は，縦42cm，横40cm，高さ
33cmの直方体の体積から，底面が底辺18cm，
高さ42cmの三角形で，高さが18cmの三角柱の
体積をひいたものになります。したがって，
$42×40×33-18×42÷2×18=48636(cm^3)$

4 ❶ 円柱の$\frac{1}{2}$より，底面は半円で，

半径$6÷2=3(cm)$なので，底面積は，
$3×3×3.14÷2=14.13(cm^2)$になります。
体積は，$14.13×6=84.78(cm^3)$になります。

❷ 円柱の$\frac{1}{4}$より，底面は半径2cmの円の$\frac{1}{4}$な

ので，底面積は，$2×2×3.14÷4=3.14(cm^2)$
になります。体積は，$3.14×5=15.7(cm^3)$

ハイ レベル++ 86〜87ページ

❶ ❶5 ❷4
❷ ❶78cm³ ❷180cm³
❸ ❶785cm³ ❷2084.96cm³
❹ 120cm³
❺ 15.7
❻ 590.32cm³
❼ ❶127cm³ ❷123cm³

考え方

❶ ❶ 底面が半径3cmの円なので，底面積は，
$3×3×3.14=28.26(cm^2)$になります。
体積が141.3cm³だから，この円柱の高さは，
$141.3÷28.26=5(cm)$になります。

❷ 円柱の高さが10cmで体積が502.4cm³だか
ら，底面の円の面積は，$502.4÷10=50.24$
(cm^2)になります。$50.24÷3.14=16$，
$16=4×4$だから，底面の円の半径は$4(cm)$
になります。

❷ ❶ 底面が底辺4cm，高さ3cmの三角形なの
で，底面積は，$4×3÷2=6(cm^2)$になり，

体積は，$6×(17-4)=78(cm^3)$になります。

❷ $14-5=9$より，底面が上底6cm，下底
9cm，高さ4cmの台形なので，底面積は，
$(6+9)×4÷2=30(cm^2)$になります。
体積は，$30×6=180(cm^3)$になります。

❸ ❶ 底面の円の半径は，$31.4÷3.14=10$，
$10÷2=5(cm)$になります。
底面積は，$5×5×3.14=78.5(cm^2)$になりま
す。体積は，$78.5×10=785(cm^3)$になりま
す。

❷ 2つの円柱の体積の和になります。上の小さ
い円柱は，底面が半径$8÷2=4(cm)$の円で，
底面積は，$4×4×3.14=50.24(cm^2)$　体積
は，$50.24×4=200.96(cm^3)$になります。
下の大きい円柱は，底面が半径$20÷2=10$
(cm)の円で，底面積は，$10×10×3.14=314$
(cm^2)体積は，$314×6=1884(cm^3)$になり
ます。求める立体の体積，$200.96+1884$
$=2084.96(cm^3)$

❹ $3+2+3=8$より，底面が上底8cm，下底2cm，
高さ4cmの台形なので，底面積は，
$(8+2)×4÷2=20(cm^2)$になります。
体積は，$20×6=120(cm^3)$になります。

❺ 底面が半径2cmの円なので，底面積は，
$2×2×3.14=12.56(cm^2)$になります。体積は，
$12.56×10=125.6(cm^3)$になります。これと直
方体の体積が等しいから，$2×4×x=125.6$，
$x=125.6÷2÷4$，$x=15.7(cm)$になります。

❻ 2つの円柱の体積の差になります。大きい円柱
は，底面が半径6cmの円なので，底面積は，
$6×6×3.14=113.04(cm^2)$になります。体積
は，$113.04×8=904.32(cm^3)$になります。小
さい円柱は，底面が半径$6-1=5(cm)$の円なの
で，底面積は，$5×5×3.14=78.5(cm^2)$になり
ます。体積は，$78.5×4=314(cm^3)$になります。
したがって，求める立体の体積は，
$904.32-314=590.32(cm^3)$になります。

❼ ❶ この立体を上から2cm，2cm，1cmの高さ
で3つに分割して考えます。いちばん上の立
体の底面は，縦5cm，横4cmの長方形から1
辺2cmの正方形を切り取った図形になるので，

底面積は，5×4−2×2＝16(cm²)になります。体積は，16×2＝32(cm³)になります。真ん中の立体は，縦5cm，横6cm，高さ2cmの直方体なので，体積は，5×6×2＝60(cm³)になります。いちばん下の立体は，縦5cm，横7cm，高さ1cmの直方体なので，体積は，5×7×1＝35(cm³)になります。したがって，求める立体の体積は，32＋60＋35＝127(cm³)になります。

❷ 直方体の体積は，4×10×7＝280(cm³)，半円柱の体積は，5×5×3.14÷2×4＝157(cm³)になります。したがって，求める立体の体積は，280−157＝123(cm³)になります。

9章 およその面積と体積

標準レベル＋　　　88〜89ページ

例題1　①24, 28, 24, 28, 38, 38
　　　②4, 4, 35, 35

1　❶約29cm²　　　❷約28m²

例題2　5, 98.125, 100, 100

2　約7200cm³

3　約9000cm³

考え方

1 次のそれぞれの図で，□の正方形と■の正方形の数を求め，■は正方形の面積の半分と考えておよその面積を求めましょう。

❶ □の正方形が18個，■の正方形が22個なので，およその面積は，18＋22÷2＝29より，約29cm²になります。

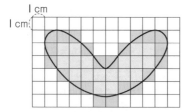

❷ □の正方形が15個，■の正方形が26個なので，およその面積は，15＋26÷2＝28より，約28m²になります。

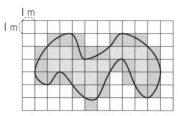

2 容積は，この紙ぶくろをおよそ直方体と考えるので，10×30×24＝7200より，約7200cm³になります。

3 およその円柱の底面の半径は，ゴミ箱の上の面と下の面の円の半径の平均と考えて，(12＋8)÷2＝10(cm)とします。
したがって，この円柱の体積は，10×10×3.14×30＝9420(cm³)になります。
上から1けたのがい数で求めるので，約9000cm³になります。

ハイレベル＋＋　　　90〜91ページ

❶ ❶約25cm²　　　❷約31m²

❷ ❶約36cm²　　　❷約36cm²
　　❸同じ　　　　❹約1.1倍

❸ ❶約2L　　　　❷約700mL
　　❸約500mL　　❹約3倍
　　❺約4倍

考え方

❶ ❶ 次のページの図のように，2つの三角形の面積の和として求めます。
上の三角形は，底辺10cm，高さ3cmの三角形なので，面積は，10×3÷2＝15(cm²)になります。下の三角形は，底辺10cm，高さ2cmの三角形なので，面積は，10×2÷2＝10(cm²)になります。
したがって，求める面積は，15＋10＝25より，約25cm²になります。

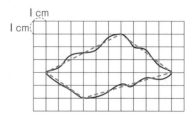

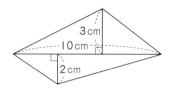

❷ 下の図のように，台形と三角形の面積の和として求めます。

上の台形は，上底6m，下底10m，高さ2mの台形なので，面積は，(6+10)×2÷2＝16(m²)になります。下の三角形は，底辺10m，高さ3mの三角形なので，面積は，10×3÷2＝15(m²)になります。

したがって，求める面積は，16+15＝31より，約31m²になります。

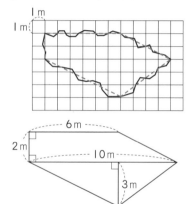

❷ ❶ 6×6＝36より，約36cm²になります。
❷ 直径が6.8cmの円だから，半径は3.4cmで，面積は，3.4×3.4×3.14＝36.2984より，上から2けたのがい数で答えるので，約36cm²
❸ ❶，❷の答えはどちらも約36cm²で，同じ。
❹ 半径2cmの円を四等分した図形4つと1辺2cmの正方形5つを組み合わせた図形の面積は，2×2×3.14÷4×4+2×2×5＝32.56(cm²)になります。❶で求めた面積は，この図形の正しい面積のおよそ何倍かを求めると，36÷32.56＝1.10…より，上から2けたのがい数で答えるので，約1.1倍になります。

❸ ❶ 直方体の体積は，8×10×26＝2080(cm³)より，上から1けたのがい数で答えるので，約2000cm³になり，単位をLになおすと，約2L
❷ 直方体の体積は，6×6×19.5＝702(cm³)より，上から1けたのがい数で答えるので，約700cm³になり，単位をmLになおすと，約

700mL
❸ 円柱の体積は，3×3×3.14×18＝508.68(cm³)より，上から1けたのがい数で答えるので，約500cm³になり，単位をmLになおすと，約500mL
❹ 2000÷700＝2.85…より，上から1けたのがい数で答えるので，約3倍になります。
❺ 2000÷500＝4より，上から1けたのがい数で答えるので，約4倍になります。

10章 比例と反比例

標準 レベル+ 　　　　　　92〜93ページ

例題1 ①2，3，2，3　　②比例，比例
1 ❶2倍，3倍，…になる。　❷比例する。
例題2 ①比例，比例
②$\frac{5}{2}$，$\frac{5}{2}$，$\frac{1}{3}$，$\frac{1}{3}$
③24，24
2 何倍…$\frac{11}{4}$倍，面積…33cm²

考え方
1 ❶ 下の表のように，針金の長さが2倍，3倍，…になると，重さは2倍，3倍，…になります。

長さ (m)	1	2	3	4	5	6
重さ (g)	7	14	21	28	35	42

❷ 針金の長さが2倍，3倍，…になると，重さは2倍，3倍，…になるので，針金の重さは針金の長さに比例します。

2 次のページの表のように，xの値の変わり方は，4→11で，11÷4＝$\frac{11}{4}$(倍)になるので，yの値の変わり方も同じだから，$\frac{11}{4}$(倍)になります。

したがって，求める面積は，12×$\frac{11}{4}$＝33(cm²)になります。

底辺 x（cm）	4	5	6	〜	11
面積 y（cm²）	12	15	18	〜	

（上に $\frac{11}{4}$ 倍、下に $\frac{11}{4}$ 倍）

ハイ レベル＋＋ 94〜95ページ

❶ ⑦, ⓔ

❷ ⑦, ⓒ, ⓞ

❸ ❶比例する。　　❷$\frac{1}{2}$, $\frac{1}{3}$, …になる。

　❸315円

❹ ❶（左から順に，）4, 8, 12, 16, ○
　❷（左から順に，）0.5, 2, 4.5, 8, ×
　❸（左から順に，）6, 12, 18, 24, ○
　❹（左から順に，）24, 12, 8, 6, ×

❺ ❶4倍　　❷$\frac{11}{4}$倍　　❸$\frac{3}{11}$倍

考え方

❶ ⑦ yの値は2ずつ増えているので，比例ではありません。

　⑦ xの値が2倍，3倍，…になると，yの値は2倍，3倍，…になるので，比例しています。

　⑦ yの値が60，70，60，…と増えているので，比例ではありません。

　ⓔ xの値が2倍，3倍，…になると，yの値は2倍，3倍，…になるので，比例しています。

❷ ⑦ 三角形の高さが2倍，3倍，…になると，面積も2倍，3倍，…になるので，比例します。

　⑦ 長方形の横の長さをが2倍，3倍，…になると，まわりの長さは2倍，3倍，…にならないので，比例しません。

　⑦ 木の高さが2倍，3倍，…になると，かげの長さも2倍，3倍，…になるので，比例します。

　ⓔ 歩く速さが2倍，3倍，…になると，かかる時間は2倍，3倍，…にならないので，比例しません。

　ⓞ 円の半径の長さが2倍，3倍，…になると，円周の長さも2倍，3倍，…になるので，比例します。

ⓚ 立方体の1辺の長さが2倍，3倍，…になると，表面積は2倍，3倍，…にならないので，比例しません。

❸ ❶ xの値が2倍，3倍，…になると，yの値は2倍，3倍，…になるので，比例しています。

　❷ xが$\frac{1}{2}$，$\frac{1}{3}$，…になると，yは$\frac{1}{2}$，$\frac{1}{3}$，…になります。

　❸ 35×9＝315（円）

❹ 表の上，下の値をそれぞれx，yとします。

　❶ 下の表のように，xの値が2倍，3倍，…になると，yの値は2倍，3倍，…になる。

1辺の長さ　（cm）	1	2	3	4
まわりの長さ（cm）	4	8	12	16

　❷ 下の表のように，xの値が2倍，3倍，…になると，yの値は2倍，3倍，…にならない。

対角線の長さ（cm）	1	2	3	4
面積　　　　（cm²）	0.5	2	4.5	8

　❸ 下の表のように，xの値が2倍，3倍，…になると，yの値は2倍，3倍，…になる。

1辺の長さ　（cm）	1	2	3	4
まわりの長さ（cm）	6	12	18	24

　❹ 下の表のように，xの値が2倍，3倍，…になると，yの値は2倍，3倍，…にならない。

底辺の長さ　（cm）	1	2	3	4
高さ　　　　（cm）	24	12	8	6

❺ ❶ xの値は，8÷2＝4より，4倍になります。したがって，yの値も同じで，③の数は①の数の4倍になります。

　❷ yの値は，39.6÷14.4＝$\frac{11}{4}$より，$\frac{11}{4}$倍になります。したがって，xの値も同じで，④の数は②の数の$\frac{11}{4}$倍になります。

　❸ yの値は，$\frac{54}{5}$÷39.6＝$\frac{3}{11}$より，$\frac{3}{11}$倍になります。したがって，xの値も同じで，④の数の$\frac{3}{11}$倍になります。

例題1 ①8, 8　　②72, 72
③12, 12

1 ❶$y=12×x$　　❷132　　❸17

例題2 ①80, 80　　②$\frac{17}{5}$, 170, 170

2 ❶2500m　　❷75分

考え方

1 ❶ xの値が2倍, 3倍, …になると, それにともなってyの値も2倍, 3倍, …になるから, 比例しています。
12÷1=12, 24÷2=12, 36÷3=12, …より, いつも$y÷x=12$となるから, $y=12×x$

❷ ❶の式$y=12×x$のxに11をあてはめて, $y=12×11=132$

❸ ❶の式$y=12×x$のyに204をあてはめて, $204=12×x$, $x=204÷12=17$

2 歩く道のりは時間に比例することから考えます。

❶ $50÷20=\frac{5}{2}$(倍)より, 時間は$\frac{5}{2}$倍になっています。だから, 道のりも$\frac{5}{2}$倍で,

$1000×\frac{5}{2}=2500$(m)になります。

		$\frac{5}{2}$倍 ↘
時間 （分）	20	50
道のり (m)	1000	

↖ $\frac{5}{2}$倍

❷ $3750÷1000=\frac{15}{4}$(倍)より, 道のりは$\frac{15}{4}$倍になっています。だから, 時間も$\frac{15}{4}$倍になり, $20×\frac{15}{4}=75$(分)になります。

		$\frac{15}{4}$倍 ↘
時間 （分）	20	
道のり (m)	1000	3750

↖ $\frac{15}{4}$倍

1 ❶7ずつ増える。　　❷7倍になる。
❸$y=7×x$

2 ❶$y=50×x$　　❷$y=250×x$
❸$y=6×x$

3 ❶$y=\frac{5}{3}×x$

❷① 5　　②$\frac{25}{3}$

③$\frac{9}{5}$　　④$\frac{55}{3}$

4 1時間12分

5 ❶18.5kg　　❷180枚

6 ❶4cm　　❷2cm
❸6cm　　❹10cm

考え方

1 ❶ 21÷3=7より, xが1ずつ増えると, yは7ずつ増えます。

❷ 21÷3=7, 42÷6=7, 63÷9=7, 84÷12=7, 105÷15=7より, yはいつもxの7倍になっています。

❸ ❷より, $y=7×x$になります。

2 ❶ 300÷6=50より, えん筆1本の値段は50円なので, 代金は, $y=50×x$と表せます。

❷ (道のり)=(速さ)×(時間)より, $y=250×x$と表せます。

❸ (面積)=(底辺)×(高さ)÷2で, $y=12×x÷2$より, $y=6×x$と表せます。

3 ❶ $\frac{5}{3}÷1=\frac{5}{3}$より, xとyの関係を, yの値を求める式で表すと, $y=\frac{5}{3}×x$と表せます。

❷① $y=\frac{5}{3}×x$のxに3をあてはめて,

$y=\frac{5}{3}×3=5$

② $y=\frac{5}{3}×x$のxに5をあてはめて,

$y=\frac{5}{3}×5=\frac{25}{3}$

③ $y=\frac{5}{3}×x$のyに3をあてはめて,

35

$$3=\frac{5}{3}\times x,\quad x=3\div\frac{5}{3}=\frac{9}{5}$$

④ $y=\frac{5}{3}\times x$ の x に11をあてはめて，

$$y=\frac{5}{3}\times11=\frac{55}{3}$$

❹ 自動車の速さは，$10\div\frac{1}{5}=50$ より，時速50km

になります。同じ速さで60km進むのにかかる時

間は，$60\div50=\frac{6}{5}=1\frac{1}{5}$（時間）で，1時間と

$\frac{1}{5}$ 時間になります。$\frac{1}{5}$ 時間 $=\left(\frac{1}{5}\times60\right)$分 $=12$

分だから，かかる時間は，1時間12分になります。

❺ ❶ $100\div5=20$ より，925gを20倍すると，
100枚分の重さになります。したがって，
$925\times20=18500$（g）で，単位をkgになお
すと，18.5kgになります。

❷ $33.3\div18.5=1.8$，$1.8\times100=180$ より，
お皿は全部で180枚あります。

❻ ❶ $20-16=4$ より，このばねは，
$50-30=20$（g）あたり4cmのびます。

❷ $20\div10=2$，$4\div2=2$ より，このばねは，
10gあたり2cmのびます。

❸ $30\div10=3$，$2\times3=6$ より，このばねは，
30gあたり6cmのびます。

❹ このばねに30gのおもりを下げるとばねの
長さは16cmなので，この16cmから，ばね
ののびた長さをひけばおもりを下げないとき
のこのばねの長さになります。したがって，
❸より，$16-6=10$（cm）で，おもりを下げな
いときのこのばねの長さは，10cmになりま
す。

標準 レベル＋ 　　100〜101ページ

例題1 ① $\frac{1}{2}$，$\frac{1}{3}$，$\frac{1}{2}$，$\frac{1}{3}$

② $\frac{1}{2}$，$\frac{1}{3}$，反比例，反比例

❶ ❶ $\frac{1}{2}$ 倍，$\frac{1}{3}$ 倍，…になる。

❷ 反比例する。

例題2 ① $\frac{1}{2}$，$\frac{1}{3}$，反比例，反比例

② $\frac{1}{2}$，4，$\frac{1}{4}$，$\frac{1}{2}$，4，$\frac{1}{4}$

❷ ❶ 反比例する。

❷⑦ $\frac{1}{3}$　　　⑦2　　　⑦ $\frac{1}{2}$

考え方

❶ ❶ 縦の長さが2倍になると，横の長さは $\frac{1}{2}$ 倍

になり，3倍になると，$\frac{1}{3}$ 倍になります。

縦の長さ　（cm）	1	2	4	5	10	20
横の長さ　（cm）	20	10	5	4	2	1

❷ ❶より，一方の量の値が2倍，3倍，…にな
ると，もう一方の量の値が $\frac{1}{2}$ 倍，$\frac{1}{3}$ 倍，…
になるから，反比例します。

❷ ❶ x の値が2倍，3倍，…になると，それにと
もなって y の値が $\frac{1}{2}$ 倍，$\frac{1}{3}$ 倍，…になるか
ら，反比例します。

❷⑦ x の値の変わり方は，1→3で，$3\div1=3$
（倍）になります。このとき，y の値の変わり
方は，18→6で，$6\div18=\frac{1}{3}$（倍）になりま
す。

⑦ x の値の変わり方は，3→6で，$6\div3=2$
（倍）になります。

⑦ y の値の変わり方は，6→3で，$3\div6=\frac{1}{2}$
（倍）になります。

ハイ レベル＋＋　　102〜103ページ

❶ ⑦，⑦

❷ ⑦，⑤，⑦

❸ ❶ 反比例する。　　❷ 2倍，3倍，…になる。

❹ ❶（左から順に，）1，4，9，16，×

36

❷(左から順に，)60，30，20，10，○

❸(左から順に，)20，10，5，4，○

❹(左から順に，)14，12，9，6，×

⑤ ❶$\frac{1}{3}$倍　　❷3倍　　❸$\frac{4}{3}$倍

考え方

① ⑦，⑦ xの値が2倍，3倍，…になると，yの値は$\frac{1}{2}$倍，$\frac{1}{3}$倍，…になるので，反比例しています。

⑦，⑦ xの値が2倍，3倍，…になると，yの値は$\frac{1}{2}$倍，$\frac{1}{3}$倍，…にならないので，反比例していません。

② ⑦ 1個の値段が2倍，3倍，…になると，個数は$\frac{1}{2}$倍，$\frac{1}{3}$倍，…になるので，反比例します。

⑦ はらった金額が2倍，3倍，…になると，おつりの額は$\frac{1}{2}$倍，$\frac{1}{3}$倍，…にならないので，反比例しません。

⑦ 枚数が2倍，3倍，…になると，代金は$\frac{1}{2}$倍，$\frac{1}{3}$倍，…にならないので，反比例しません。

⑦ 歩く速さが2倍，3倍，…になると，かかった時間は$\frac{1}{2}$倍，$\frac{1}{3}$倍，…になるので，反比例します。

⑦ 縦の長さが2倍，3倍，…になると，横の長さは$\frac{1}{2}$倍，$\frac{1}{3}$倍，…になるので，反比例します。

⑦ 速さが2倍，3倍，…になると，道のりは$\frac{1}{2}$倍，$\frac{1}{3}$倍，…にならないので，反比例しません。

③ ❶ xの値が2倍，3倍，…になると，yの値は$\frac{1}{2}$倍，$\frac{1}{3}$倍，…になるので，反比例しています。

❷ xが$\frac{1}{2}$倍，$\frac{1}{3}$倍，…になると，yは2倍，3倍，…になります。

④ 表の上，下の値をそれぞれx，yとします。

❶ 下の表のように，xの値が2倍，3倍，…になると，yの値は4倍，9倍，…になる。

1辺の長さ （cm）	1	2	3	4
面積 （cm²）	1	4	9	16

❷ 下の表のように，xの値が2倍，3倍，…になると，yの値は$\frac{1}{2}$倍，$\frac{1}{3}$倍，…になる。

分速 （m）	1	2	3	6
時間 （分）	60	30	20	10

❸ 下の表のように，xの値が2倍，3倍，…になると，yの値は$\frac{1}{2}$倍，$\frac{1}{3}$倍，…になる。

1日に使う量 （L）	1	2	4	5
使い切る日数（日）	20	10	5	4

❹ 下の表のように，xの値とyの値の和が15になる。

使った長さ （m）	1	3	6	9
残りの長さ （m）	14	12	9	6

⑤ ❶ xの値は，6÷2＝3（倍）になり，反比例なので，yの値は，③の数が①の数の$\frac{1}{3}$倍になります。

❷ yの値は，0.6÷1.8＝$\frac{1}{3}$（倍）になり，反比例なので，xの値は，④の数が②の数の3倍になります。

❸ yの値は，$\frac{9}{20}$÷0.6＝$\frac{3}{4}$（倍）になり，反比例なので，xの値は，④の数の$\frac{4}{3}$倍になります。

標準レベル＋　　104～105ページ

例題1 ①160，160，160

②5，5　　　③64，64

1 ❶2　　　　❷24

例題2 ①30，30　　②$\frac{12}{5}$，$\frac{12}{5}$，12，12

2 ❶15日　　　❷6ページ

考え方

1 ❶ xの値が2倍, 3倍, …になると, それにともなってyの値も $\frac{1}{2}$ 倍, $\frac{1}{3}$ 倍, …になるから, 反比例しています。$1\times30=30$, $2\times15=30$, $3\times10=30$, …より, いつも $x\times y=30$ となるから, $y=30\div x$で, この式のxに15をあてはめて, $y=30\div15=2$になります。

❷ $y=30\div x$の式のyに1.25をあてはめて, $1.25=30\div x$, $x=30\div1.25=24$になります。

2 1日に読むページ数は読む日数に反比例することから考えます。

❶ $10\div3=\frac{10}{3}$(倍)より, ページ数は $\frac{10}{3}$ 倍になっています。だから, 日数は $\frac{3}{10}$ 倍で, $50\times\frac{3}{10}=15$(日)になります。

		$\frac{10}{3}$倍 ↘	
ページ数　（ページ）		3	10
日数　　　　（日）		50	
		↘ $\frac{3}{10}$倍	

❷ $25\div50=\frac{1}{2}$(倍)より, 日数は $\frac{1}{2}$ 倍になっています。だから, ページ数は2倍になり, $3\times2=6$(ページ)になります。

		↗ 2倍 ↘	
ページ数　（ページ）		3	
日数　　　　（日）		50	25
		↘ $\frac{1}{2}$倍	

ハイ レベル++ 　106～107ページ

❶ ❶$y=5000\div x$　❷$y=1200\div x$
❸$y=72\div x$　❹$y=2500\div x$

❷ ❶$\frac{4}{5}$　❷48

❸ ❶$y=7.2\div x$
❷①2.4　②4
③1.2　④12

❹ 10時間40分

⑤ ❶504個　❷24列
❸18個

⑥ ❶反比例する。　❷$y=60\div x$
❸15日　❹6人

考え方

❶ それぞれことばの式で表します。

❶ (代金)=(1個の値段)×(個数)より, $5000=x\times y$, $y=5000\div x$と表せます。

❷ (枚数)=(1人に配る枚数)×(人数)より, $1200=y\times x$, $y=1200\div x$と表せます。

❸ (面積)=(底辺)×(高さ)÷2より, $36=x\times y\div2$, $y=72\div x$と表せます。

❹ (道のり)=(速さ)×(時間)より, $2500=x\times y$, $y=2500\div x$と表せます。

❷ ❶ $y=8\div x$のxに10をあてはめて, $y=8\div10=\frac{4}{5}$ になります。

❷ $y=8\div x$のyに $\frac{1}{6}$ をあてはめて, $\frac{1}{6}=8\div x$, $x=8\div\frac{1}{6}=48$になります。

❸ ❶ $x\times y=1\times7.2=7.2$となるので, xとyの関係を, yの値を求める式で表すと, $y=7.2\div x$と表せます。

❷① $y=7.2\div x$のxに3をあてはめて, $y=7.2\div3=2.4$

② $y=7.2\div x$のyに1.8をあてはめて, $1.8=7.2\div x$, $x=7.2\div1.8=4$

③ $y=7.2\div x$のxに6をあてはめて, $y=7.2\div6=1.2$

④ $y=7.2\div x$のyに0.6をあてはめて, $0.6=7.2\div x$, $x=7.2\div0.6=12$

❹ 進む道のりは, $60\times8=480$より, 480kmになります。時速45kmで進むのにかかる時間は, $480\div45=\frac{32}{3}=10\frac{2}{3}$(時間)で, 10時間と$\frac{2}{3}$時間になります。$\frac{2}{3}$時間$=\left(\frac{2}{3}\times60\right)$分$=40$分だから, かかる時間は, 10時間40分になります。

❺ 1列にx個ずつ並べると, y列できるとします。

❶ $x\times y=36\times14=504$より, この白のご石は全部で504個あります。

② $x×y=504$のxに21をあてはめると，
21×y=504，y=504÷21=24より，ちょうど24列できます。

③ $x×y=504$のyに28をあてはめると，
$x×28=504$，$x=504÷28=18$より，1列に18個ずつ並べればよいです。

❻ ① x人でぬるとy日かかるとして，5人でぬると12日かかるので，$x×y=5×12=60$となります。これより，yはxに反比例する関係になることがわかります。

② ❶より，xとyの関係を，yの値を求める式で表すと，$y=60÷x$になります。

③ $y=60÷x$のxに4をあてはめると，
$y=60÷4=15$より，4人でぬると，15日かかります。

④ $y=60÷x$のyに10をあてはめると，
$10=60÷x$，$x=60÷10=6$より，10日で仕上げるには，6人でぬればよいです。

別解 $x×y=60$のyに10をあてはめて，
$x×10=60$，$x=60÷10=6$より，10日で仕上げるには，6人でぬればよいです。

標準 レベル＋　　108〜109ページ

例題1 ①60
②60，120，180，240，300
③直線，直線

❶ ❶570　　　　　　❷12.5

例題2 ①12，12
②12，6，4，3，2，1

❷ ❶$\frac{3}{2}$(1.5)　　　　❷$\frac{3}{4}$(0.75)

考え方

❶ 目もりの範囲外なのでグラフから数値を読み取れないから，①で求めた式を使って計算で求めましょう。

❶ $y=60×x$のxに9.5をあてはめると，
$y=60×9.5=570$

❷ $y=60×x$のyに750をあてはめると，
$750=60×x$，$x=750÷60=12.5$

❷ グラフから数値を正確に読み取ることができな

かったり，目もりの範囲外だったりするので，①で求めた式を使って計算で求めましょう。

❶ $y=12÷x$のxに8をあてはめると，
$y=12÷8=\frac{3}{2}$(1.5)

❷ $y=12÷x$のyに16をあてはめると，
$16=12÷x$，$x=12÷16=\frac{3}{4}$(0.75)

別解 $x×y=12$のyに16をあてはめて，
$x×16=12$，$x=12÷16=\frac{3}{4}$としてもよいです。

ハイ レベル＋＋　　110〜111ページ

❶ ❶$y=8×x$　　　　❷16g
③$\frac{15}{4}$ m (3.75m)

❷ ❶Bさん　　　　　　❷1分
③100m　　　　　　④250m

❸ ❶$y=48÷x$
②

縦 x(cm)	2	4	6	8	12	24
横 y(cm)	24	12	8	6	4	2

③

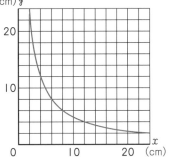

❹ ❶$x…4$，$y…5$
②$y=\frac{5}{4}×x$　　　　③$y=20÷x$

考え方

❶ グラフから読み取れるときはグラフから，読み取れないときは式を使って計算しましょう。

❶ グラフから読み取ると，1mのとき8gの点を通っているので，xとyの関係を，yの値を求める式で表すと，$y=8×x$となります。

❷ グラフから読み取ると，2mのとき16gの点

を通っています。

❸ グラフから読み取りづらいので，❶の式の y に30をあてはめて，$30=8×x$，
$x=30÷8=\dfrac{15}{4}$ となります。これより，重さが30gのときの長さは，$\dfrac{15}{4}$ m となります。

❷ ❶ 同じ時間で進んだ道のりを比べれば，どちらが速いかわかります。グラフより，2分間に進んだ道のりを読み取ると，Aさんが100m，Bさんが150mなので，Bさんのほうが速いといえます。

❷ グラフより読み取ると，150mの地点をBさんが通過したのは同時に出発してから2分後になります。150mの地点をAさんが通過したのは同時に出発してから3分後だから，$3-2=1$ より，150mの地点をBさんが通過してから，Aさんが通過するまでの時間は1分になります。

❸ 出発してから4分後に，Aさんは200mの地点に，Bさんは300mの地点を通ります。したがって，$300-200=100$ より，AさんとBさんは100mはなれています。

❹ ❸で読み取った点を使って，Aさんの速さは，$200÷4=50$ より，分速50mで，Bさんの速さは，$300÷4=75$ より，分速75mとなります。したがって，出発してから10分後には，Aさんは，$50×10=500$（m）の地点を通り，Bさんは，$75×10=750$（m）の地点を通るので，AさんとBさんは $750-500=250$（m）はなれています。

❸ ❶ （縦の長さ）×（横の長さ）＝（面積）より，
$x×y=48$，$y=48÷x$ となります。

❷ ❶の式の x に2，4，6，8，12，24をそれぞれあてはめて計算しましょう。

❸ ❷の表で表された点を通るなめらかな曲線をかきましょう。

❹ ❶ グラフから通る点の目もりを正しく読み取りましょう。

❷ ❶で読み取った点を使って，$x=4$，$y=5$ だ

から，$y÷x=5÷4=\dfrac{5}{4}$ より，$y=\dfrac{5}{4}×x$ となります。

❸ ❶で読み取った点を使って，$x=4$，$y=5$ だから，$x×y=4×5=20$ より，$y=20÷x$ となります。

11章 場合の数

標準レベル+ 112〜113ページ

例題1 ①D，3，3
②A，B，C，12，12
❶ ❶6通り　　❷12通り
❷ ❶12通り　　❷20通り
例題2 B，C，D，E，10，10
❸ ❶6通り　　❷10通り
❹ ❶10通り　　❷15通り

考え方

❶ 2けたの数を書きあげて，何通りあるか求めましょう。

❶ 1以外の3枚から2枚をひいてできる2けたの数は，23，24，32，34，42，43の6通りになります。

❷ 4枚から2枚をひいてできる2けたの数は，12，13，14，21，23，24，31，32，34，41，42，43の12通りになります。

❷ 赤，青，黄，白，黒の5個の玉の並べ方を，（赤，青）のように表すことにします。

❶ 赤以外の4個から2個を選んで左から順に並べるときの並べ方は，（青，黄），（青，白），（青，黒），（黄，青），（黄，白），（黄，黒），（白，青），（白，黄），（白，黒），（黒，青），（黒，黄），（黒，白）の12通りになります。

❷ 5個から2個を選んで左から順に並べるときの並べ方は，（赤，青），（赤，黄），（赤，白），（赤，黒），（青，赤），（青，黄），（青，白），（青，黒），（黄，赤），（黄，青），（黄，白），（黄，黒），（白，赤），（白，青），（白，黄），（白，黒），（黒，赤），（黒，青），（黒，黄），（黒，白）の20通りになります。

③ カードの取り出し方を，(2，3)のように表すことにします。

    ❶ 1 以外の4枚から2枚をひくときの取り出し方は，(2，3)，(2，4)，(2，5)，(3，4)，(3，5)，(4，5)の6通りになります。

    ❷ 5枚から2枚をひくときの取り出し方は，(1，2)，(1，3)，(1，4)，(1，5)，(2，3)，(2，4)，(2，5)，(3，4)，(3，5)，(4，5)の10通りになります。

④ 赤，青，黄，緑，白，黒の6個の玉の取り出し方を，(黄，白)のように表すことにします。

    ❶ 赤以外の5個から2個の取り出し方は，(青，黄)，(青，緑)，(青，白)，(青，黒)，(黄，緑)，(黄，白)，(黄，黒)，(緑，白)，(緑，黒)，(白，黒)の10通りになります。

    ❷ 6個から2個の取り出し方は，(赤，青)，(赤，黄)，(赤，緑)，(赤，白)，(赤，黒)，(青，黄)，(青，緑)，(青，白)，(青，黒)，(黄，緑)，(黄，白)，(黄，黒)，(緑，白)，(緑，黒)，(白，黒)の15通りになります。

ハイレベル++   114〜115ページ

❶ ❶(グ，チ)，(チ，パ)，(パ，グ)
    ❷(グ，グ)，(チ，チ)，(パ，パ)

❷ ❶
午前	A	B	C
午後	BCDE	ACDE	ABDE

午前	D	E
午後	ABCE	ABCD

    ❷20通り   ❸8通り

❸ ❶6通り   ❷3通り

❹ ❶6通り   ❷4通り

❺ ❶6通り   ❷10通り   ❸10通り

❻ ❶7通り   ❷7通り   ❸4通り

考え方

❶ 2人でじゃんけんをするときの手の出し方は全部で3×3＝9(通り)あります。このうち，さちこさんが勝つのは❶より3通り，あけみさんが勝つのはさちこさんと同じで3通り，あいこになるのは❷より3通りで合計9通りになります。

❷ ❶ 午前のA，B，C，D，Eそれぞれに対して，午後は4通りずつあります。

    ❷ ❶より，5×4＝20(通り)あります。

    ❸ 午前中にAを読むとき，❶の樹形図より，4通り，Bを読むとき，❶の樹形図より，4通りなので，全部で4＋4＝8(通り)あります。

❸ 2けたの数を書きあげて，何通りあるか求めましょう。

    ❶ 4枚から2枚をひいてできる2けたの偶数は，12，14，24，32，34，42の6通りになります。

    ❷ 4枚から2枚をひいてできる2けたの4の倍数は，12，24，32の3通りになります。

    参考 4の倍数は，下2けたが4の倍数になればいいことが知られています。(ここでは，2けたの数を考えているので，直接4でわってわり切れれば4の倍数であることが確かめられます。)

❹ ❶ 1＋5＝6(円)，1＋10＝11(円)，1＋50＝51(円)，5＋10＝15(円)，5＋50＝55(円)，10＋50＝60(円)の6通りあります。

    ❷ 1＋5＋10＝16(円)，1＋5＋50＝56(円)，1＋10＋50＝61(円)，5＋10＋50＝65(円)の4通りあります。

❺ チョコレート，ポテトチップス，グミ，キャンディー，クッキーの最初の1文字をとって(チ，ポ)のように表すことにします。

    ❶ 残り4つのうち2つを持っていく方法は，(ポ，グ)，(ポ，キ)，(ポ，ク)，(グ，キ)，(グ，ク)，(キ，ク)の6通りあります。

    ❷ 5つのうち2つを持っていく方法は，(チ，ポ)，(チ，グ)，(チ，キ)，(チ，ク)，(ポ，グ)，(ポ，キ)，(ポ，ク)，(グ，キ)，(グ，ク)，(キ，ク)の10通りあります。

    ❸ 5つのうち3つを持っていく方法は，(チ，ポ，グ)，(チ，ポ，キ)，(チ，ポ，ク)，(チ，グ，キ)，(チ，グ，ク)，(チ，キ，ク)，(ポ，グ，キ)，(ポ，グ，ク)，(ポ，キ，ク)，(グ，キ，ク)の10通りあります。

❻ ❶ この5枚から2枚ひく選び方を，(1，2)のように表すことにします。

(1，1)，(1，2)，(1，3)，(1，4)，
(2，3)，(2，4)，(3，4)の7通りあります。

❷ この5枚から3枚ひく選び方を，(1，2，3)のように表すことにします。

(1，1，2)，(1，1，3)，(1，1，4)，
(1，2，3)，(1，2，4)，(1，3，4)，
(2，3，4)の7通りあります。

❸ この5枚から4枚ひく選び方を，
(1，2，3，4)のように表すことにします。

(1，1，2，3)，(1，1，2，4)，
(1，1，3，4)，(1，2，3，4)の4通りあります。

💡 思考力育成問題　116〜117ページ

❶ 2×2×2×2×2×2×2×2

❷ 24

❸ 約17000000色

考え方

❶ 1ビットは2種類を表し，1バイトは8ビットなので，①にあてはまる式は，次のように2を8回かけた数になります。

2×2×2×2×2×2×2×2

この数を実際に計算してみると，次のようになります。

2×2×2×2×2×2×2×2
=4×2×2×2×2×2×2
=8×2×2×2×2×2
=16×2×2×2×2
=32×2×2×2
=64×2×2
=128×2
=256

❷ 光の三原色のR，G，Bはそれぞれ英語でRed（レッド；赤の頭文字），Green（グリーン；緑の頭文字），Blue（ブルー；青の頭文字）を表しています。R，G，Bの3種類の色に対して，それぞれの濃度が1バイト（8ビット）で表されるので，

3×8＝24より，「24ビットカラー」と呼ばれています。

❸ ㋐ 256×256＝65536を使って，四捨五入して上から2けたのがい数で答えるので，

65536×256＝16777216

（けたが大きいので，電卓を使って構いません。）より，上から2けたのがい数にすると，

約17000000色となります。

実際に手計算を行うときは，もう少しくふうして次の㋑のように計算を簡単にするとよいでしょう。

㋑ 上から2けたのがい数で答えるときは，それぞれの数を上から3けたのがい数にして計算すれば問題なくがい数の計算ができます。

65536→65500，256→256として計算します。

したがって，65500×256＝16768000より，上から2けたのがい数にすると，

約17000000色となります。

しかし，（3けた）×（3けた）の計算は大変なのでもう少し四捨五入のけたを小さくして，次の㋒のようにすることもできます。

㋒ 上から2けたのがい数で答えるときは，それぞれの数を上から2けたのがい数にして計算しても，大きな問題なくがい数の計算ができます。65536→66000，256→260として計算します。

したがって，66000×260＝17160000より，上から2けたのがい数にすると，

約17000000色となります。

ただし，この場合は多少の誤差（ごさ；正しい値とがい数の値との差のことをいいます。）が出る場合もあるので注意しましょう。

たとえば，上から3けた以降を切り捨てて，

65536→65000，256→250として計算してみると，65000×250＝16250000

より，上から2けたのがい数にすると，

約16000000色となるので，約17000000色と比べて1000000色の誤差が発生します。

このように，2けた×2けたの計算では1000000程度の誤差が発生して計算したがい数は，ほぼ，

約16000000～約18000000の範囲の数になります。

本問では，誤差があっても65536と256の積で答えが求められていれば正解として構いません。

12章 データの調べ方

標準 レベル+ 118～119ページ

例題1 ①22, 22
②21, 21, 9, 9　　③1

1 ❶12m　　　　　❷3組

例題2 ②26, 26, 3.7, A
③B

2 ❶Aチーム　　　❷Cチーム

考え方

1 ❶ 表より，3組の最大値は24m，最小値は12mなので，24−12=12(m)

❷ 3組の12人の合計は，15+19+15+21+12+17+24+14+13+19+15+18=202だから，3組の平均値は，202÷12=16.83…より，約16.8mになります。
例題1 より，1組の平均値は，約16.7m，2組の平均値は，約16.4mだから，3組の平均値がいちばんよいといえます。

2 ❶ Cチームの10人の合計は，1+6+9+5+0+5+2+0+3+5=36だから，Cチームの平均値は，36÷10=3.6より，3.6本になります。
例題2 より，Aチームの平均値は，約3.9本，Bチームの平均値は，約3.7本だから，Aチームの平均値がいちばんよいといえます。

❷ Cチームの最頻値は，3人いる5本がいちばん多く現れるので，5本になります。
例題2 より，最頻値は，Aチームが2人いる3本，Bチームが2人いる4本なので，最頻値で比べると，A～Cチームでは，Cチームがいちばん多くシュートしたといえます。

ハイ レベル++ 120～121ページ

1 ❶最大値…90点，最小値…45点
❷40点　　　　　❸1組

2 ❶
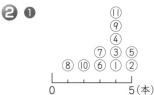
❷Bチーム　　　❸Bチーム

3 ❶最大値…52回，最小値…36回
❷2組　　　　　❸2組

4 ❶1組
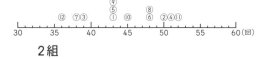
2組
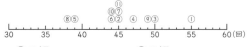
❷2組　　　　　❸2組

考え方

1 ❶ 表より，1組の最大値は90点，最小値は45点になります。

❷ 表より，2組の最大値は80点，最小値は40点なので，80−40=40(点)

❸ 1組の10人の合計は，60+85+70+45+70+85+75+65+90+75=720だから，1組の平均値は，720÷10=72より，72点になります。2組の11人の合計は，65+50+65+55+75+40+50+80+55+80+60=675だから，2組の平均値は，675÷11=61.36…より，約61.4点になります。したがって，1組のほうが点数がよいといえます。

2 ❶ Bチームの資料をドットプロットで表すと右のようになります。

❷ Aチームの11人の合計は，4+5+4+4+5+3+3+1+4+2+4=39だから，Aチームの平均値は，39÷11=3.54…より，約3.5本になります。Bチームの10人の合計は，3+4+5+2+4+5+5

＋4＋3＋5＝40だから，Bチームの平均値
は，40÷10＝4より，4本になります。した
がって，Bチームのほうが多く成功したとい
えます。

❸ ドットプロットより，最頻値は，Aチームが
4本，Bチームが5本なので，Bチームのほう
が多く成功したといえます。

❸ ❶ 表より，1組の最大値は52回，最小値は36
回になります。

❷ ❶より，1組の最大値から最小値をひいた差
は，52－36＝16(回)になります。
また，表より，2組の最大値は55回，最小値
は38回になるので，2組の最大値から最小値
をひいた差は，55－38＝17(回)になります。
したがって，2組のちらばりのほうが大きい
といえます。

❸ 1組の12人の合計は，43＋50＋39＋51
＋43＋48＋38＋48＋43＋45＋52＋36
＝536だから，1組の平均値は，536÷12
＝44.66…より，約44.7回になります。
また，2組の11人の合計は，55＋45＋50
＋47＋39＋44＋45＋38＋49＋44＋45
＝501だから，2組の平均値は，501÷11
＝45.54…より，約45.5回になります。
したがって，2組のほうが記録がよいといえま
す。

❹ ❷ ドットプロットより，最頻値は，1組が43
回，2組が45回なので，2組の記録のほうが
よいといえます。

❸ ❸❷より，2組のほうのちらばりが大きく，
ちらばりが小さい1組のほうがよいが，ちが
いが1回だけなので大きな差とはいえませ
ん。また，❸❸より，2組のほうが平均値が
大きいことと，❹❷より，1組と2組では2
組の記録のほうがよいといえます。

標準レベル＋　　　122〜123ページ

例題1 ①10，15
②5，5
③15，15

❶ ❶右の表
❷5分
❸15分以上20分未満

時間(分)	人数(人)
以上　未満 0 〜 5	1
5 〜10	1
10〜15	3
15〜20	4
20〜25	2
合計	11

2組の通学時間

例題2 ①5，2，7，7
②1，3，4，140
③150，150

❷ ❶6人
❷150cm以上155cm未満
❸145cm以上150cm未満

考え方

❶ ❷ それぞれの区間は，10－5＝5(分)ごとに区
切られています。

❸ 度数分布表より，いちばん度数が多いのは4
人で，その階級は15分以上20分未満の階級
になります。

❷ ❶ 130cm以上135cm未満の人が2人，
135cm以上140cm未満の人が4人います。
したがって，140cm未満の人は，
2＋4＝6(人)います。

❷ 160cm以上165cm未満の人が1人，
155cm以上160cm未満の人が3人，150cm
以上155cm未満の人が7人いるので，
1＋3＋7＝11(人)より，高いほうから数えて
5番目から11番目までの人がこの階級に入
ります。

❸ 全員の人数が32人なので，資料を大きさの
順に並べた真ん中にくる値である中央値(メ
ジアン)は16，17番目がある階級になりま
す。145cm以上150cm未満の階級は，小さ
いほうから数えて2＋4＋6＋1＝13(番目)か
ら2＋4＋6＋9＝21(番目)までの記録が入っ
ています。したがって，この階級に16，17
番目がどちらもあるので，この階級が中央値
のある階級になります。

ハイ レベル＋＋　　　124〜125ページ

❶ ❶

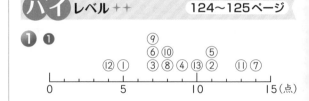

❷右の表

❸3点

❹6点以上9点未満

② ❶20%

❷21kg以上24kg未満

❸2.5kg

❸ ❶2.0秒

❷
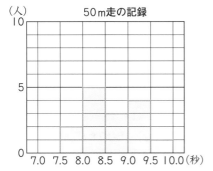

❸右の表

❹下の図

❺約8.7秒

❻8.25秒

❼8.75秒

ゲームの記録

得点(点)	人数(人)
以上　未満	
0〜 3	0
3〜 6	2
6〜 9	5
9〜12	4
12〜15	2
合計	13

50m走の記録

時間(秒)	人数(人)
以上　未満	
7.0〜 7.5	0
7.5〜 8.0	2
8.0〜 8.5	5
8.5〜 9.0	3
9.0〜 9.5	4
9.5〜10.0	1
合計	15

50m走の記録

考え方

① ❷ ❶のドットプロットから度数分布表を完成させるとミスが減ります。

❸ それぞれの区間は，6－3＝3(点)ごとに区切られています。

❹ 度数分布表より，いちばん度数が多いのは5人で，その階級は6点以上9点未満の階級になります。

② ❶ 6年生男子の人数は，40人で，24kg以上27kg未満の人が5人，27kg以上30kg未満の人が3人います。したがって，24kg以上の人は，5＋3＝8(人)います。したがって，24kg以上の人は，全体の8÷40＝0.2→20%になります。

❷ 27kg以上30kg未満の人が3人，24kg以上

27kg未満の人が5人，21kg以上24kg未満の人が9人いるので，3＋5＋9＝17(人)より，高いほうから数えて9番目から17番目までの人がこの階級に入ります。

❸ 全員の人数が40人なので，資料を大きさの順に並べた真ん中にくる値である中央値(メジアン)は20，21番目がある階級になります。18kg以上21kg未満の階級は，小さいほうから数えて2＋4＋7＋1＝14(番目)から2＋4＋7＋10＝23(番目)までの記録が入っています。したがって，この階級に20，21番目がどちらもあるので，この階級が中央値のある階級になります。平均値と中央値の差がもっとも大きくなるのは，20，21番目の数がどちらも18kgのときで(もちろん，14〜19番目の数がどれも18kgのときで)，平均値と中央値の差がもっとも大きくなるのは，その差が20.5－18＝2.5(kg)のときです。

③ ❶ 表より，最大値は9.7秒，最小値は7.7秒なので，最大値から最小値をひいた差は，9.7－7.7＝2.0(秒)になります。(50m走の記録が小数第一位までなので，答えを2.0秒としましょう。ただし，ここでは2秒と答えても問題はありません。)

❸ ❷のドットプロットから度数分布表を完成させるとミスが減ります。

❹ ❸の度数分布表からヒストグラムをかきましょう。

❺ ❸の度数分布表から平均値を計算するには，(階級値)×(度数)の和を求めて計算しましょう。(階級値は階級の真ん中の値になります。)

7.75×2＋8.25×5＋8.75×3＋9.25×4＋9.75×1＝129.75，129.75÷15＝8.65より，四捨五入して，上から2けたのがい数で求めるので，約8.7秒になります。

❻ 度数分布表から最頻値は，度数が5人の階級値になるので，8.25秒になります。

❼ 全員の人数が15人なので，資料を大きさの順に並べた真ん中にくる値である中央値(メジアン)は8番目がある階級になります。度数分布表から8.5秒以上9.0秒未満の階級は，

小さいほうから数えて2+5+1=8(番目)から2+5+3=10(番目)までの記録が入っています。したがって，この階級に8番目があるので，この階級が中央値のある階級になります。中央値はこの階級の階級値だから，8.75秒になります。

💡 思考力育成問題　126〜127ページ

❶ 約7.5%

❷ 度数：1000，2000　中央値：4000，5000

❸ 266500ha

考え方

❶ $290000÷3843000×100=290÷3843×100$
→$0.0754×100=7.54$より，四捨五入して，上から2けたのがい数で答えるので，約7.5%になります。

❷ ヒストグラムから度数がいちばん大きいのは左から2番目の8県の階級になります。横の軸の単位が（千ha）なので，この階級は1000ha以上2000ha未満になります。

全部の都道府県数が47都道府県なので，資料を大きさの順に並べた真ん中にくる値である中央値（メジアン）は24番目がある階級になります。度数分布表から4000ha以上5000ha未満の階級は，小さいほうから数えて4+8+6+5+1=24（番目）から4+8+6+5+3=26（番目）までの記録が入っています。したがって，この階級に24番目があるので，この階級が中央値のある階級になります。

❸ ヒストグラムから平均値を計算するには，
（階級値）×（度数）の和を求めて計算しましょう。
（階級値は階級の真ん中の値になります。）

㋐　$500×4+1500×8+\underline{2500×6}+3500×5$
$+4500×3+5500×3+6500×4$
$+\underline{7500×2}+8500×1+9500×2$
$+10500×1+11500×2+12500×1$
$+13500×1+14500×2+16500×2$
$=266500$
より，2020年11月の全国の荒廃農地の合計は266500haになります。

ここでこの計算を少し工夫してみましょう。

㋑　$500=5×100$，$1500=15×100$，
$2500=25×100$，…と考えて，式を整理すると，
$(5×4+15×8+25×6+35×5+45×3$
$+55×3+65×4+75×2+85×1+95×2$
$+105×1+115×2+125×1+135×1$
$+145×2+165×2)×100=2665×100$
$=266500$
と計算する。

㋒　$1500=500+1000$，$2500=500+2000$，
$3500=500+3000$，…と考えて，式を整理すると，
$500×4+(500+1000)×8$
$+(500+2000)×6+(500+3000)×5$
$+(500+4000)×3+(500+5000)×3$
$+(500+6000)×4+(500+7000)×2$
$+(500+8000)×1+(500+9000)×2$
$+(500+10000)×1+(500+11000)×2$
$+(500+12000)×1+(500+13000)×1$
$+(500+14000)×2+(500+16000)×2$
$=500×(4+8+6+5+3+3+4+2+1+2$
$+1+2+1+1+2+2)+1000×(1×8+2×6$
$+3×5+4×3+5×3+6×4+7×2+8×1$
$+9×2+10×1+11×2+12×1+13×1$
$+14×2+16×2)=500×47+1000×243$
$=266500$
と計算する。

㋓　一部分だけですが次のような計算の工夫もできます。㋒の式の下線部分だけの計算を1例として示します。
$2500×6+7500×2$
$=2500×(2+4)+7500×2$
$=2500×2+2500×4+7500×2$
$=(2500+7500)×2+2500×4$
$=10000×2+2500×4$
$=20000+10000=30000$
のような組み合わせをうまく考えた計算をすることができる部分もあります。

ここでは，㋑くらいの工夫はして計算しましょう。
（もちろん㋒のような計算ができれば計算ミスを減らすことができます。）

1 (1)① $\dfrac{10}{3}$ $\left(3\dfrac{1}{3}\right)$　　②$\dfrac{7}{9}$　　③$\dfrac{1}{40}$　　④2

　　⑤$\dfrac{4}{7}$　　⑥$\dfrac{5}{2}$ $\left(2\dfrac{1}{2}\right)$　　⑦41　　⑧8

　　⑨$\dfrac{5}{12}$　　　　⑩$\dfrac{9}{10}$

　(2)①8：7　　②17：8

2 (1)①⑦, ㋓, ㋔　　②㋑, ㋓
　　③

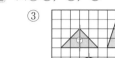
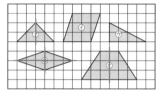

　(2)314cm²

　(3)①192cm³　　②6280cm³

3 (1)$8\times x\div2=y$　$(x\times4=y)$　　(2)34

4 (1)3分後　　(2)27分後

5 (1)$y=4.8\div x$

　(2)①3　　②1.2　　③6　　④0.6

6 (1)0.8km　　(2)14km

7 (1)20%　　(2)35kg以上40kg未満　　(3)3.5kg

考え方

1 (1)⑧ $\dfrac{4}{7}\times8.6+\dfrac{4}{7}\times5.4=\dfrac{4}{7}\times(8.6+5.4)$

$=\dfrac{4}{\overset{}{7}}\times\overset{2}{\cancel{14}}=8$

⑨ $\dfrac{3}{4}\div0.84\times\dfrac{7}{15}=\dfrac{3}{4}\div\dfrac{84}{100}\times\dfrac{7}{15}$

$=\dfrac{\overset{}{\cancel{3}}}{\overset{}{4}}\times\dfrac{\overset{5}{\overset{20}{\cancel{100}}}}{\underset{12}{\cancel{84}}}\times\dfrac{\overset{}{\cancel{7}}}{\underset{5}{\cancel{15}}}=\dfrac{5}{12}$

⑩ $\dfrac{9}{4}\times\dfrac{14}{15}-0.75\div\dfrac{5}{8}$

$=\dfrac{\overset{3}{\cancel{9}}}{\underset{2}{\cancel{4}}}\times\dfrac{\overset{7}{\cancel{14}}}{\underset{5}{\cancel{15}}}-\dfrac{\overset{3}{\cancel{75}}}{\underset{4}{\cancel{100}}}\times\dfrac{\overset{2}{\cancel{8}}}{5}$

$=\dfrac{21}{10}-\dfrac{6}{5}=\dfrac{21}{10}-\dfrac{12}{10}=\dfrac{9}{10}$

(2)② $3.75：\dfrac{30}{17}=\dfrac{\overset{15}{\cancel{375}}}{\underset{4}{\cancel{100}}}：\dfrac{30}{17}$

$=\overset{1}{\cancel{15}}\times17：\underset{2}{\cancel{30}}\times4=17：8$

2 (1)③ ⑦には1本, ㋓には2本, ㋔には1本の対

称の軸があります。

(2) 半径20cmの半円から, 半径10cmの半円2
個をひけば求まります。
$20\times20\times3.14\div2-10\times10\times3.14\div2\times2=314(cm^2)$

(3)① 底面は上底3cm, 下底9cm, 高さ4cmの
台形で, 四角柱の高さは8cmです。
$(3+9)\times4\div2\times8=192(cm^3)$

② 底面の円周の長さは62.8cmなので, 底
面の円の直径は, $62.8\div3.14=20(cm)$
で, 半径は10cmです。したがって,
$10\times10\times3.14\times20=6280(cm^3)$

3 (1) 三角形の面積は, （底辺）×（高さ）÷2＝（面
積）で求められるので, $8\times x\div2=y$　$x\times8$
$\div2=y$として, $x\times4=y$でもよいです。

4 (1) 2人は1分間に360mずつ近づきます。し
たがって, $1080\div360=3(分)$になります。

(2) 2人は1分間に$200-160=40(m)$ずつ離
れます。したがって, $1080\div40=27(分)$に
なります。

5 (1) $x\times y=1\times4.8=4.8$となるので, xとyの関
係を, yの値を求める式で表すと, $y=4.8\div x$
と表せます。

(2)① $y=4.8\div x$のyに1.6をあてはめて,
$1.6=4.8\div x$　$x=4.8\div1.6=3$

6 (1) $16\div\dfrac{1}{5000}=80000(cm)$より,
$80000cm=800m=0.8km$

7 (1) 6年生の人数は60人で, 50kg以上の人は
12人なので, $12\div60=0.2\rightarrow20\%$です。

(2) 35kg以上40kg未満の階級は, 軽いほうか
ら18番目から29番目が入っています。した
がって, 軽いほうから20番目はこの階級に
入っています。

(3) 全員の人数が60人なので, 中央値のある階
級は, 大きさの順で30, 31番目がある階級
です。40kg以上45kg未満の階級は軽いほう
から30番目から40番目までが入っている
ので, この階級に中央値が入っています。平
均値と中央値の差がもっとも大きくなるの
は, 30, 31番目がどちらも40kgのときで,
その差が$43.5-40=3.5(kg)$のときです。

しあげのテスト(2) 巻末折り込み

1 (1)① $\dfrac{4}{21}$　② $\dfrac{23}{2}\left(11\dfrac{1}{2}\right)$　③ $\dfrac{14}{3}\left(4\dfrac{2}{3}\right)$

④ $\dfrac{5}{36}$　⑤ $\dfrac{27}{10}\left(2\dfrac{7}{10}\right)$　⑥ $\dfrac{6}{5}\left(1\dfrac{1}{5}\right)$

⑦ $\dfrac{12}{5}\left(2\dfrac{2}{5}\right)$　⑧ $\dfrac{11}{5}\left(2\dfrac{1}{5}\right)$　⑨ 14

⑩ 8

(2)① $\dfrac{16}{13}\left(1\dfrac{3}{13}\right)$　② $\dfrac{28}{27}\left(1\dfrac{1}{27}\right)$

2 (1)

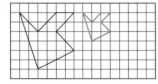

(2) 157cm²

(3)① 48cm³　　② 2637.6cm³

(4) 約 $\dfrac{63}{2}$ m² $\left(31\dfrac{1}{2}\ \text{m}^2\right)$

3 (1) 12分　　(2) 15分　　(3) 26分

4 (1) 4.4kgと3.6kg　　(2) 35：15：6

5 (1) $y = 80 \times x$　(2) 240m　　(3) 1.25分

6 (1) 12通り　　(2) 8通り

7 (1)　　　　　　　　(2)B班　　(3)A班

考え方

1 (1)⑧ $\left(\dfrac{2}{3}+\dfrac{1}{4}\right)\div\dfrac{5}{12}=\left(\dfrac{2}{3}+\dfrac{1}{4}\right)\times\dfrac{12}{5}$

$=\dfrac{2}{3}\times\dfrac{\overset{4}{\cancel{12}}}{5}+\dfrac{1}{4}\times\dfrac{\overset{3}{\cancel{12}}}{5}=\dfrac{8}{5}+\dfrac{3}{5}$

$=\dfrac{11}{5}\left(2\dfrac{1}{5}\right)$

⑩ $\dfrac{33}{4}-0.44\div\dfrac{33}{75}\div 4$

$=\dfrac{33}{4}-\dfrac{\overset{1}{\cancel{44}}}{\underset{1}{\cancel{100}}}\times\dfrac{\overset{25}{\cancel{75}}}{\underset{3}{\cancel{33}}}\times\dfrac{1}{4}=\dfrac{33}{4}-\dfrac{1}{4}$

$=\dfrac{32}{4}=8$

(2)② $\dfrac{7}{9}\div\dfrac{3}{4}=\dfrac{7}{9}\times\dfrac{4}{3}=\dfrac{28}{27}\left(1\dfrac{1}{27}\right)$

2 (2) 図の色のついた下の部分の半円を上の同じ形

の部分に移して考えると，求める図形は直径
20cmの半円の面積になることがわかります。
$10\times10\times3.14\div2=157\ (\text{cm}^2)$

(3)② くりぬく前の円柱の体積は，$10\times10\times3.14$
$\times10=3140\ (\text{cm}^3)$　くりぬいた円柱の体
積は，$4\times4\times3.14\times10=502.4\ (\text{cm}^3)$ だ
から，$3140-502.4=2637.6\ (\text{cm}^3)$ です。

3 (1) 水そういっぱいの水の量を1とすると，A，
Bから1分で入る水の量は，A…$\dfrac{1}{30}$，B…

$\dfrac{1}{20}$ です。A，Bの両方で入れると，1分で

$\dfrac{1}{30}+\dfrac{1}{20}=\dfrac{1}{12}$ より，$1\div\dfrac{1}{12}=12$(分)か

かります。

(2) Aだけで10分水を入れると，$\dfrac{1}{30}\times10$

$=\dfrac{1}{3}$ で，残りは $1-\dfrac{1}{3}=\dfrac{2}{3}$ です。これをC

が10分で入れたと考えると，1分で $\dfrac{2}{3}\div10$

$=\dfrac{1}{15}$ 入ります。Cだけで入れると，$1\div\dfrac{1}{15}$

$=15$(分)かかります。

(3) はじめ，Aだけで18分給水すると，$\dfrac{1}{30}\times18$

$=\dfrac{3}{5}$ 入り，残りは $1-\dfrac{3}{5}=\dfrac{2}{5}$ です。残りは

Bだけで $\dfrac{2}{5}\div\dfrac{1}{20}=8$(分)かかるので18＋8

$=26$(分)です。

4 (1) 重いほうの塩の重さを x kgとすると，
$x:8=11:(11+9)$　$x\times20=8\times11$
$x=4.4$(kg)で，軽いほうは，$8-4.4=3.6$(kg)

5 (1) グラフから読みとると，5分で400m進ん
でいるので，Aさんの速さは $400\div5=80$ よ
り，分速80mになります。

6 (2) 3の倍数は，12，15，21，24，42，45，
51，54の8通りです。

7 (2) A班 $45\div10=4.5$(冊)，B班 $45\div9=5$
(冊)です。

(3) A班は5冊が6人で一番多く，B班は4冊が
4人で一番多いので，最頻値は，A班は5冊，
B班は4冊です。

2 1 0 9 8 7 6 5 4
＊ ＊ D C B A